Vanmathi M.
Shobana G.
Geerthik S.

COMPUTAÇÃO EM NUVEM: DOMINAR A FRONTEIRA DIGITAL

Vanmathi M.
Shobana G.
Geerthik S.

COMPUTAÇÃO EM NUVEM: DOMINAR A FRONTEIRA DIGITAL

ScienciaScripts

Imprint

Cover image: www.ingimage.com

This book is a translation from the original published under ISBN 978-3-659-63804-6.

Publisher:
Sciencia Scripts
is a trademark of
Dodo Books Indian Ocean Ltd. and OmniScriptum S.R.L publishing group

120 High Road, East Finchley, London, N2 9ED, United Kingdom
Str. Armeneasca 28/1, office 1, Chisinau MD-2012, Republic of Moldova, Europe
Managing Directors: Ieva Konstantinova, Victoria Ursu
info@omniscriptum.com

Printed at: see last page
ISBN: 978-620-8-38450-0

COMPUTAÇÃO EM NUVEM: DOMINAR A FRONTEIRA DIGITAL

ÍNDICE DE CONTEÚDO

INTRODUÇÃO

A rápida expansão da computação em nuvem transformou a forma como as empresas operam, oferecendo escalabilidade, flexibilidade e eficiência de custos sem precedentes. No entanto, o aproveitamento de todo o potencial da nuvem requer uma abordagem estratégica e um conhecimento profundo das suas complexidades. Este documento tem como objetivo aprofundar os meandros da computação em nuvem, explorando os seus principais componentes, benefícios, desafios e melhores práticas para uma implementação bem sucedida. Através da análise de estudos de casos reais e de conhecimentos especializados, esta exploração procura fornecer uma visão abrangente da computação em nuvem e do seu impacto transformador nas organizações contemporâneas. Techniques for Cloud Success é o seu guia completo para navegar no cenário dinâmico da computação em nuvem. Desde os conceitos básicos até às estratégias avançadas, este livro fornece-lhe os conhecimentos e as ferramentas para arquitetar, implementar e otimizar soluções baseadas na nuvem. Quer seja um novato na nuvem ou um profissional experiente, encontrará informações práticas, exemplos do mundo real e conselhos de especialistas para o ajudar a atingir os seus objectivos na nuvem. Descubra como tirar partido da computação em nuvem para impulsionar a inovação, aumentar a eficiência e obter uma vantagem competitiva na atual era digital. A computação em nuvem revolucionou o cenário de TI, oferecendo escalabilidade, flexibilidade e economia incomparáveis. No entanto, navegar pelas complexidades da adoção e otimização da nuvem requer uma abordagem estratégica. Este documento tem como objetivo fornecer uma visão geral abrangente da computação em nuvem, explorando os seus conceitos fundamentais, os principais benefícios e os potenciais desafios. Ao examinar vários modelos de implantação de nuvem, modelos de serviço e tendências emergentes, esta análise procura equipar os leitores com o conhecimento necessário para aproveitar todo o potencial da tecnologia de nuvem e impulsionar a transformação digital em suas organizações.

Esqueça os dias em que carregava computadores portáteis pesados e se preocupava com a falta de espaço de armazenamento. As técnicas de nuvem estão a revolucionar a forma como computamos, oferecendo uma experiência refrescantemente leve e fácil de utilizar. Estes dispositivos elegantes dão prioridade ao armazenamento na nuvem e às aplicações baseadas na Web, tornando-os ideais para quem valoriza a portabilidade e a acessibilidade. Ao contrário dos computadores portáteis tradicionais que dependem de discos rígidos internos, as técnicas de nuvem tiram partido do poder da Internet, permitindo-lhe aceder aos seus ficheiros, documentos e aplicações a partir de qualquer lugar com uma ligação estável. Isto elimina a necessidade de armazenamento local volumoso e o medo constante de perda de dados devido a falhas de hardware. Além disso, as técnicas de nuvem funcionam normalmente em sistemas operativos simplificados, exigindo menos capacidade de processamento e resultando numa maior duração da bateria. Isto torna-os perfeitos para estudantes, viajantes ou qualquer pessoa que necessite de um companheiro fiável em viagem para navegar na Web, gerir e-mails, trabalhar em documentos ou mesmo desfrutar de conteúdos multimédia. Quer seja um utilizador ocasional ou alguém que precise de um dispositivo para tarefas básicas de produtividade, as técnicas de nuvem oferecem uma alternativa atraente aos computadores portáteis tradicionais, proporcionando uma forma simples e económica de se manter ligado e produtivo no mundo digital atual. Esqueça os computadores portáteis pesados e a preocupação com discos rígidos sobrecarregados. As técnicas de nuvem, uma espécie revolucionária de computadores, estão a dar início a uma nova era de computação simplificada centrada no poder da Internet. Estes dispositivos leves dão prioridade ao armazenamento na nuvem e às aplicações baseadas na Web, oferecendo uma solução portátil e económica para as suas necessidades diárias. Quer seja um estudante a fazer malabarismos com trabalhos, um profissional a gerir e-mails e documentos, ou simplesmente alguém que gosta de navegar e de se divertir, as técnicas de nuvem podem ser a sua companhia perfeita. Têm um design compacto, o que as torna ideais para serem colocadas na mochila ou transportadas em viagem. Mas não se deixe enganar pelo seu tamanho - as técnicas de computação em nuvem são surpreendentemente poderosas quando se trata de tarefas quotidianas. Uma vez que se baseiam no armazenamento na nuvem e em aplicações Web, não será prejudicado por sistemas operativos volumosos ou por um armazenamento interno limitado. Isto também significa que pode aceder aos seus ficheiros e aplicações a partir de qualquer dispositivo com uma ligação à Internet, oferecendo uma flexibilidade e uma tranquilidade incríveis. Por isso, se procura uma forma fiável, portátil e económica de se manter ligado e produtivo, então as técnicas de nuvem podem ser a solução perfeita para si.

FUNDAMENTOS DA NUVEM

Esqueça os dias dos complexos livros de receitas cheios de instruções crípticas e ingredientes desconhecidos. A nuvem está a revolucionar a forma como abordamos a tecnologia, oferecendo uma solução refrescante e acessível para empresas e indivíduos. Tal como na cozinha, onde os pratos deliciosos são criados com a combinação certa de ingredientes e técnicas, navegar na nuvem requer um conjunto essencial de componentes para alcançar o sucesso. Este livro é o seu guia culinário para a nuvem, fornecendo-lhe todos os ingredientes essenciais e receitas passo a passo para criar soluções de nuvem seguras, escaláveis e económicas. Quer seja um profissional de TI experiente ou um recém-chegado curioso, este livro foi concebido para o capacitar na sua viagem à nuvem. Exploraremos os ingredientes fundamentais - os provedores de nuvem, as opções de armazenamento, os serviços de computação e as ferramentas de rede - que formam a base da sua cozinha na nuvem. Iremos aprofundar a arte da infraestrutura como código (IaC), o ingrediente secreto que garante implementações consistentes e repetíveis. Em seguida, exploraremos vários métodos de implantação de aplicativos, desde a conteinerização com o Docker e o Kubernetes até a mágica da computação sem servidor. Mas uma cozinha na nuvem bem-sucedida não se limita a preparar os pratos; é preciso ficar de olho neles. Vamos equipá-lo com ferramentas de monitorização da cloud para garantir que as suas aplicações têm um desempenho ideal e aprofundar as estratégias de otimização de custos para o ajudar a gerir eficazmente os seus gastos com a cloud. A segurança é fundamental, pelo que iremos explorar medidas essenciais para proteger os seus dados e recursos. E, tal como qualquer bom chefe se prepara para situações inesperadas, guiá-lo-emos através das melhores práticas de recuperação de desastres para garantir que a sua cozinha na nuvem consegue resistir a qualquer tempestade. À medida que avança neste livro, ganhará confiança para explorar técnicas avançadas de nuvem, como bases de dados sem servidor, aprendizagem automática e serviços de inteligência artificial, permitindo-lhe criar soluções de nuvem verdadeiramente requintadas. Então, pegue seu avental, pré-aqueça seu forno metafórico e prepare-se para embarcar em uma deliciosa jornada no mundo da computação em nuvem!

COMPREENDER OS COMPONENTES DA NUVEM

A nuvem, como uma cozinha bem abastecida, está repleta de ingredientes essenciais que se combinam para criar soluções poderosas e escaláveis. Da mesma forma que um chef não tentaria fazer um prato complexo sem entender suas ferramentas, dominar a nuvem requer uma compreensão firme de seus componentes principais. Este capítulo mergulha profundamente nesses blocos de construção fundamentais, equipando-o com o conhecimento para navegar na nuvem como um profissional experiente.

O fornecedor de serviços em nuvem:

O fornecedor de serviços na nuvem é a base da sua cozinha na nuvem. Estas empresas, como

- Serviços Web da Amazon (AWS)
- Microsoft Azure
- Plataforma Google Cloud (GCP)

oferecem uma vasta gama de serviços e recursos que pode utilizar para criar a sua infraestrutura de nuvem. A escolha do fornecedor certo depende das suas necessidades específicas, do seu orçamento e da sua familiaridade com as respectivas plataformas. Cada fornecedor oferece um conjunto único de funcionalidades, estruturas de preços e alcance geográfico. Considere factores como a escalabilidade, as ofertas de segurança, os serviços disponíveis e o apoio ao cliente quando fizer a sua seleção.

Opções de armazenamento:

Tal como uma cozinha precisa de uma despensa e de um frigorífico bem abastecidos, a nuvem oferece várias opções de armazenamento para guardar os seus dados.

- **Armazenamento de objectos:** Este é o seu "catch-all" virtual, ideal para armazenar dados grandes e não estruturados, como cópias de segurança, registos e ficheiros multimédia. É altamente escalável e económico.
- **Armazenamento em bloco:** Imagine-o como o seu disco rígido digital, perfeito para armazenar dados estruturados, como bases de dados e aplicações. Oferece um desempenho previsível e é ideal para dados acedidos frequentemente.
- **Armazenamento de ficheiros:** Funciona como um armário de arquivo baseado na nuvem, permitindo-lhe organizar e partilhar ficheiros facilmente com os colaboradores.

Serviços de computação: Cavalos de batalha

A cozinha na nuvem não funcionaria sem fornos e fogões. Da mesma forma, os serviços de computação são os cavalos de batalha do ambiente de nuvem. Fornecem a capacidade de processamento e os recursos necessários para executar as suas aplicações. Eis os principais tipos:

Máquinas virtuais (VMs): Estes são computadores virtuais que fornecem um ambiente dedicado com um sistema operativo e recursos. Oferecem flexibilidade, mas exigem uma maior sobrecarga de gestão.

Contentores: Pense nos contentores como cozinhas modulares preparadas para tarefas específicas. Eles oferecem implantação mais rápida e pegadas de recursos mais leves do que as VMs. Tecnologias como Docker e Kubernetes simplificam o gerenciamento de aplicativos em contêineres.

Computação sem servidor: É como ter uma equipa de sous chefs a tratar de tarefas específicas a pedido. Basta definir a funcionalidade e o fornecedor da nuvem gere a infraestrutura subjacente. A computação sem servidor é ideal para aplicações orientadas para eventos e elimina a necessidade de gerir servidores.

Ligação em rede: Ligar a sua cozinha

- Uma cozinha bem conectada garante que os ingredientes e os pratos se movam sem problemas.

- A ligação em rede na nuvem fornece a infraestrutura virtual que permite a comunicação entre diferentes recursos no seu ambiente de nuvem e com o mundo exterior.
- Isto inclui comutadores virtuais, routers, firewalls e equilibradores de carga, todos a trabalhar em conjunto para criar uma rede segura e eficiente.

Compreender estes componentes é apenas o começo

Ao dominar esses componentes essenciais da nuvem, você estabelece as bases para criar soluções de nuvem robustas e escalonáveis. Este capítulo serve como sua incursão inicial na cozinha da nuvem. À medida que avança neste livro, aprofunde-se em cada componente, explorando recursos avançados, opções de configuração e práticas recomendadas para aproveitá-los em várias receitas de nuvem.

ESCOLHER O FORNECEDOR DE SERVIÇOS EM NUVEM CORRECTO

Selecionar o fornecedor de serviços de computação em nuvem certo é como escolher os ingredientes perfeitos para a sua obra-prima culinária. Tal como as diferentes especiarias e ervas aromatizam um prato de forma única, cada fornecedor de serviços cloud oferece o seu próprio conjunto de caraterísticas e funcionalidades. Compreender estas opções permite-lhe tomar uma decisão informada que se alinhe com as suas necessidades e preferências específicas. Vamos aprofundar os factores a considerar ao escolher o seu fornecedor de serviços na nuvem.

Um olhar sobre os serviços do fornecedor de serviços em nuvem

Os fornecedores de serviços na nuvem oferecem uma gama diversificada de serviços, que constituem os principais ingredientes da sua cozinha na nuvem. Eis um olhar mais atento a algumas das principais ofertas:

Serviços de computação: Como mencionado anteriormente, estes serviços fornecem o poder de processamento para executar as suas aplicações. Opções como máquinas virtuais, contentores e computação sem servidor respondem a várias necessidades.

Opções de armazenamento: Desde o armazenamento de objectos para grandes conjuntos de dados até ao armazenamento em bloco para bases de dados e armazenamento de ficheiros para colaboração, os fornecedores de serviços em nuvem oferecem uma variedade de soluções de armazenamento.

- Armazenamento de objectos: Armazena dados grandes e não estruturados (cópias de segurança, registos, multimédia) - pense em ingredientes a granel.
- Armazenamento em blocos: Ideal para dados estruturados como bases de dados (pense em ingredientes pré-cortados).
- Armazenamento de ficheiros: Organiza e partilha ficheiros para colaboração (pense na sua caixa de receitas digital).

Serviços de rede: Estes serviços garantem uma comunicação sem problemas dentro do seu ambiente de nuvem e com a Internet. Eles incluem redes virtuais, firewalls, balanceadores de carga e outras ferramentas.

- Redes virtuais: Estas criam canais de comunicação dedicados para os seus recursos na nuvem.
- Firewalls: Funcionam como guardas de segurança, controlando o tráfego de entrada e de saída.
- Balanceadores de carga: Distribuem o tráfego por vários recursos, assegurando um funcionamento sem problemas durante as horas de ponta.

Serviços de base de dados: Os fornecedores de serviços de computação em nuvem oferecem soluções de bases de dados geridas para várias necessidades, eliminando a necessidade de autogestão e as dores de cabeça de escalonamento. Os serviços de bases de dados são como aparelhos de cozinha pré-construídos para a sua nuvem. Os fornecedores de serviços de computação em nuvem oferecem várias soluções geridas, poupando-lhe tempo e esforço:

- Não tem de se preocupar com a instalação, configuração ou escalonamento manual das suas bases de dados.
- Eles tratam da manutenção e das actualizações, libertando-o para se concentrar nas suas aplicações.

- Tem acesso a uma gama mais vasta de opções de bases de dados, o que lhe permite escolher a que melhor se adapta às suas necessidades.

Análise e aprendizagem automática: Muitos fornecedores oferecem ferramentas e serviços pré-construídos para análise de dados e aprendizagem automática, permitindo-lhe extrair informações dos seus dados e criar aplicações inteligentes. Os fornecedores de serviços de computação em nuvem oferecem análise de dados e aprendizagem automática (ML) como uma prateleira de especiarias bem abastecida para as suas criações culinárias:

- As ferramentas pré-construídas simplificam a análise de dados, permitindo-lhe extrair informações valiosas da sua informação.
- Os serviços de ML funcionam como ingredientes secretos, permitindo-lhe criar aplicações inteligentes sem ser um especialista em ML

Serviços de segurança: Os fornecedores de serviços na nuvem oferecem funcionalidades de segurança robustas, como controlo de acesso, encriptação e gestão de identidades, para proteger os seus dados e recursos. A segurança na nuvem é o cofre na sua cozinha na nuvem, mantendo os seus ingredientes (dados) seguros. Os provedores oferecem recursos como:

- Controlo do acesso: Fechaduras na despensa, restringindo quem pode aceder aos seus recursos.
- Encriptação: Mantém as suas receitas secretas, mesmo que alguém espreite o cofre.
- Gestão de identidades: Garante que apenas os chefes autorizados podem entrar na cozinha.

Combinar os sabores ao seu paladar: Considerando as suas necessidades

O fornecedor de serviços na nuvem ideal não é uma solução única para todos. Eis algumas perguntas cruciais a fazer a si próprio quando avaliar as opções:

- Requisitos da aplicação:Considere a capacidade de processamento, as necessidades de armazenamento e os requisitos de escalabilidade das suas aplicações.

- Segurança e conformidade: Quais são as suas necessidades de segurança? O fornecedor oferece funcionalidades que cumprem os regulamentos relevantes do sector?
- Escalabilidade: Como é que as suas necessidades vão crescer ao longo do tempo? Escolha um fornecedor que ofereça opções de escalonamento flexíveis para acomodar o seu crescimento futuro.
- Custos e preços: Os provedores de nuvem têm modelos de preços diferentes. Considere a abordagem de pagamento conforme o uso oferecida pela maioria dos provedores e explore recursos como instâncias reservadas ou instâncias pontuais para otimizar seus gastos com a nuvem.
- Alcance geográfico: Onde é que precisa que os seus recursos de nuvem estejam localizados? Escolha um fornecedor com uma presença global se a distribuição geográfica for importante.
- Suporte e serviço ao cliente: Avalie o nível de suporte oferecido pelo fornecedor. Eles oferecem suporte 24 horas por dia, 7 dias por semana, e existem diferentes níveis disponíveis?

Comparação dos principais fornecedores de serviços em nuvem

Os três principais intervenientes no mercado da computação em nuvem são:

Amazon Web Services (AWS): Líder do sector, o AWS oferece uma vasta gama de serviços, o que o torna uma escolha versátil para diversas necessidades. No entanto, a sua complexidade pode ser avassaladora para os principiantes.

Microsoft Azure: O Azure é conhecido pela sua forte integração com os produtos e serviços da Microsoft. Atende bem às necessidades de nível empresarial e oferece fortes caraterísticas de segurança.

Google Cloud Platform (GCP): Conhecida por suas tecnologias inovadoras e preços competitivos, a GCP é uma forte concorrente para cargas de trabalho de análise de dados e aprendizado de máquina.

Experimentar as opções: Testes gratuitos e experimentação

Muitos fornecedores de serviços em nuvem oferecem testes gratuitos que lhe permitem explorar os seus serviços e avaliar a sua adequação às suas necessidades. Tire partido destes testes para obter experiência prática e encontrar o fornecedor que melhor se adequa ao seu gosto.

Escolher o fornecedor de serviços na nuvem correto é um primeiro passo crucial na sua jornada na nuvem. Ao compreender a "prateleira de especiarias" dos serviços de nuvem oferecidos por diferentes fornecedores, considerando cuidadosamente as suas necessidades e explorando várias opções, pode selecionar um parceiro que o ajude a criar soluções de nuvem deliciosas (e bem sucedidas).

SERVIÇOS ESSENCIAIS NA NUVEM

A nuvem, tal como uma cozinha bem equipada, depende de um conjunto de serviços essenciais para funcionar eficazmente. Estes serviços funcionam como os ingredientes principais, fornecendo a base para a criação de soluções de nuvem seguras, escaláveis e económicas. Vamos aprofundar as três categorias fundamentais de serviços em nuvem e explorar as funcionalidades que eles oferecem:

1. Serviços de computação:

Os cavalos de batalha da sua cozinha na nuvem-

Os serviços de computação são os mecanismos que alimentam seu ambiente de nuvem. Fornecem a capacidade de processamento e os recursos necessários para executar as suas aplicações, bases de dados e outras cargas de trabalho. Aqui está uma análise dos principais intervenientes:

Máquinas virtuais (VMs)

Imagine-os como computadores virtuais na nuvem. Oferecem um ambiente dedicado com um sistema operativo e recursos, semelhante a um computador físico. As VMs fornecem um ambiente familiar e flexível para executar várias aplicações. No entanto, requerem uma maior sobrecarga de gestão em comparação com outras opções.

Contentores

Pense nos contentores como cozinhas modulares preparadas para tarefas específicas. Ao contrário das VMs, os contentores partilham o kernel do sistema operativo com outros contentores na mesma máquina anfitriã. Isto torna-os leves, portáteis e mais rápidos de implementar do que as VMs. Tecnologias como Docker e Kubernetes simplificam o gerenciamento e a orquestração de aplicativos em contêineres.

Computação sem servidor

Esta abordagem inovadora elimina a gestão de servidores da equação. Com a computação sem servidor, basta definir a funcionalidade necessária e o fornecedor da nuvem gere a infraestrutura subjacente que executa o seu código. Isto é ideal para aplicações orientadas para eventos ou tarefas que requerem pequenas explosões de capacidade de processamento.

Escolhendo o serviço de computação correto:

- ✓ Considere os requisitos da sua aplicação: De que recursos (CPU, memória) a sua aplicação necessita? Necessita de um ambiente dedicado (VM) ou da flexibilidade dos contentores?
- ✓ Escalabilidade: como é que as suas necessidades vão crescer ao longo do tempo? As VMs oferecem flexibilidade no dimensionamento de recursos, enquanto a computação sem servidor é dimensionada automaticamente com base na demanda.
- ✓ Sobrecarga de gerenciamento: Sente-se confortável a gerir a infraestrutura do servidor (VMs) ou prefere uma abordagem sem intervenção (sem servidor)?

2. Opções de armazenamento:

A despensa e o frigorífico da sua cozinha em nuvem-

Tal como uma cozinha precisa de espaços dedicados para diferentes tipos de ingredientes, o armazenamento em nuvem tem vários sabores para acomodar diversas necessidades de dados:

Armazenamento de objectos

Pense nisto como o seu "catch-all" virtual, ideal para armazenar dados grandes e não estruturados, como cópias de segurança, registos e ficheiros multimédia. O armazenamento de objectos é altamente escalável e económico, o que o torna perfeito para arquivamento ou dados pouco acedidos.

Armazenamento em bloco

Imagine-o como o seu disco rígido digital. O armazenamento em bloco proporciona um desempenho fiável e previsível, tornando-o ideal para o armazenamento de dados estruturados, como bases de dados e aplicações que requerem acesso frequente.

Armazenamento de ficheiros

Funciona como um armário de arquivo baseado na nuvem, permitindo-lhe organizar e partilhar ficheiros facilmente com os colaboradores. Oferece uma interface de fácil utilização para aceder e gerir os seus ficheiros.

Escolher a opção de armazenamento correta:

- ✓ Tipo de dados: Que tipo de dados está a armazenar? Os dados não estruturados (cópias de segurança) combinam bem com o armazenamento de objectos, enquanto os dados estruturados (bases de dados) beneficiam do armazenamento em bloco.
- ✓ Necessidades de desempenho: Necessita de acesso rápido e capacidades de leitura/escrita (armazenamento em bloco) ou a rentabilidade é uma prioridade maior (armazenamento de objectos)?

- ✓ Necessidades de partilha: Precisa de colaborar em ficheiros (armazenamento de ficheiros) ou o acesso individual é suficiente (armazenamento de objectos/blocos)?

3. Serviços de ligação em rede:

Os empregados de mesa invisíveis que asseguram o bom funcionamento...

Os serviços de rede são os heróis dos bastidores que garantem uma comunicação perfeita dentro do seu ambiente de nuvem e com o mundo exterior. Estes serviços funcionam como os empregados de mesa invisíveis num restaurante, facilitando o fluxo de dados e assegurando um funcionamento sem problemas:

Redes virtuais (VPCs)

Estes criam canais de comunicação dedicados no seu ambiente de nuvem. Pense nelas como redes privadas dentro da infraestrutura de nuvem mais ampla, permitindo que os recursos comuniquem de forma segura sem serem expostos à Internet pública.

Firewalls

Atuam como guardas de segurança, controlando o tráfego de entrada e saída. Os firewalls filtram o tráfego com base em regras predefinidas, garantindo que apenas o tráfego autorizado entre e saia da sua VPC.

Balanceadores de carga

Imagine um restaurante com uma longa fila - os equilibradores de carga distribuem o tráfego por vários recursos (servidores) para evitar sobrecargas e garantir um bom desempenho durante as horas de ponta.

Redes de distribuição de conteúdos (CDN)

Estas redes geograficamente distribuídas fornecem conteúdos (sítios Web, aplicações) aos utilizadores com uma latência mínima. Pense nelas como cozinhas regionais estrategicamente colocadas para servir os clientes rapidamente.

Escolher o serviço de rede correto:

- ✓ Necessidades de segurança: As firewalls são essenciais para controlar o acesso e proteger os seus recursos.
- ✓ Escalabilidade: Os balanceadores de carga asseguram um funcionamento sem problemas durante os picos de tráfego.
- ✓ Desempenho: As CDNs melhoram o desempenho dos sítios Web e das aplicações para utilizadores geograficamente dispersos.

Ao compreender estes serviços essenciais na nuvem e as suas funcionalidades, estará bem equipado para selecionar as ferramentas certas para as suas necessidades específicas. Lembre-se, a analogia da cozinha na nuvem pode orientar

Infraestrutura como serviço (IaaS), Plataforma como serviço (PaaS), Software como serviço (SaaS)

Imagine um serviço de computação em nuvem como um restaurante que serve soluções para as suas necessidades empresariais. Eis como a Infraestrutura como um Serviço (IaaS), a Plataforma como um Serviço (PaaS) e o Software como um Serviço (SaaS) se traduzem em experiências gastronómicas distintas:

IaaS: As plataformas sólidas

Analogia: A IaaS é como um restaurante "traga as suas próprias compras". Aluga o espaço da cozinha (recursos informáticos como servidores, armazenamento e rede) mas traz os seus próprios ingredientes (sistemas operativos, aplicações e dados).

Controlo e flexibilidade: Tem o máximo controlo sobre a sua infraestrutura, tal como tem o controlo total sobre as suas receitas e métodos de confeção na cozinha que aluga.

Responsabilidade: Tal como é responsável por comprar as mercearias e cozinhar a refeição, gere tudo, desde os sistemas operativos à segurança em IaaS.

Empresas que requerem um controlo granular da sua infraestrutura para necessidades específicas, como a execução de aplicações personalizadas ou a gestão de dados sensíveis.

PaaS: A cozinha pré-construída

Analogia: A PaaS é como um restaurante que oferece uma refeição parcialmente preparada. Recebe uma plataforma pré-configurada (sistema operativo, ferramentas de desenvolvimento, bases de dados) para criar e implementar as suas aplicações, mas continua a gerir os ingredientes (o código e os dados da sua aplicação).

Eficiência e foco no desenvolvimento: Poupa tempo na configuração da infraestrutura subjacente, permitindo-lhe concentrar-se no desenvolvimento de aplicações, à semelhança de uma cozinha pré-construída que simplifica o trabalho de preparação dos chefes.

Escalabilidade: As plataformas PaaS oferecem frequentemente opções de escalonamento fáceis, permitindo-lhe ajustar os recursos à medida que as necessidades da sua aplicação aumentam. Pense nisto como ter uma cozinha que se pode expandir para acomodar mais pedidos durante as horas de ponta.

Empresas que pretendem desenvolver e implementar aplicações rapidamente sem gerir as complexidades da infraestrutura subjacente.

SaaS: O pacote completo

Analogia: O SaaS é como um restaurante de serviço completo onde lhe é servida uma refeição pronta a comer. O fornecedor trata de tudo - a infraestrutura, a plataforma, a aplicação e a gestão de dados. Basta iniciar sessão e utilizar o serviço.

Simplicidade e facilidade de utilização: Requer um mínimo de configuração ou manutenção, tal como não precisa de se preocupar em cozinhar ou limpar num restaurante de serviço completo.

Relação custo-eficácia: Pode ser uma opção económica para as necessidades básicas, especialmente para empresas mais pequenas ou para aplicações específicas. Pense nisto como uma opção económica em comparação com a construção e manutenção da sua própria infraestrutura.

Personalização limitada: Oferece menos personalização em comparação com IaaS ou PaaS, tal como uma refeição num restaurante pode não satisfazer todas as preferências alimentares.

Escolher o serviço certo:

O melhor serviço de computação em nuvem depende das suas necessidades específicas:

- Para obter o máximo de controlo e personalização: Escolha IaaS.
- Para um equilíbrio entre controlo e velocidade de desenvolvimento: Escolha PaaS.
- Para simplicidade e facilidade de utilização: Escolha SaaS.

A computação em nuvem oferece uma variedade de opções para atender às suas necessidades comerciais específicas. Ao compreender os modelos IaaS, PaaS e SaaS - tal como navegar num menu de restaurante diversificado - pode escolher o serviço que fornece os ingredientes certos e o ambiente de cozinha para o seu sucesso digital.

TECNOLOGIAS DE NUVEM

A nuvem é o seu parque de diversões, e este livro é o seu guia definitivo para se tornar um campeão da nuvem. Imagine vencer desafios, ganhar distintivos e desbloquear novos níveis à medida que domina conceitos essenciais da nuvem. Esse é o poder da aprendizagem gamificada, e este livro usa essa abordagem inovadora para transformar sua jornada na nuvem em uma aventura emocionante. Este livro equipa-o com o equipamento básico para compreender os fornecedores de serviços em nuvem, as opções de armazenamento, os serviços de computação e os fundamentos de rede. Pense neles como suas missões iniciais, fornecendo uma base sólida para construir sua experiência na nuvem. A arte da infraestrutura como código (IaC), a arma secreta que permite automatizar implantações com precisão e velocidade. Considere estas missões avançadas que desbloqueiam o poder da consistência e da eficiência. Em seguida, exploraremos várias estratégias de implantação, da conteinerização à computação sem servidor, oferecendo um kit de ferramentas diversificado para resolver problemas com a "receita de nuvem" perfeita. Mas um campeão da nuvem bem-sucedido não se limita a construir; ele monitora e otimiza. Vamos equipá-lo com ferramentas de monitorização da cloud, semelhantes aos rastreadores de desempenho no jogo, permitindo-lhe manter um olhar atento sobre as suas aplicações e garantir que estão a funcionar sem problemas. Também vamos aprofundar as estratégias de otimização de custos, ensinando-o a gerir os seus recursos na nuvem como um profissional, maximizando o valor e evitando gastos desnecessários. A segurança é a derradeira batalha do chefe no jogo da nuvem. Iremos fornecer-lhe os conhecimentos e as ferramentas para defender o seu ambiente de nuvem como um guerreiro experiente. Saiba mais sobre as melhores práticas de controlo de acesso, encriptação e recuperação de desastres - os melhores escudos e armaduras para proteger os seus dados e aplicações de qualquer ameaça. Estes crachás são mais do que um simples direito de se gabar; eles representam o seu domínio de competências essenciais na nuvem. Mais importante ainda, ganhará a confiança para explorar técnicas avançadas de nuvem, como bancos de dados sem servidor, aprendizado de máquina e inteligência artificial, permitindo que você crie soluções de nuvem verdadeiramente inovadoras. Portanto, pegue no seu controlador e prepare-se para melhorar as suas competências na nuvem.

APERITIVOS - IMPLEMENTAÇÕES RÁPIDAS NA NUVEM

A nuvem oferece uma agilidade e escalabilidade incríveis, mas, por vezes, é necessário colocar as aplicações em funcionamento ainda mais rapidamente. É aí que entram as implementações rápidas na nuvem - um conjunto de técnicas e ferramentas que permitem provisionar e configurar o seu ambiente de nuvem numa questão de minutos, e não de horas ou dias. Aqui está uma análise de alguns métodos principais para obter implantações de nuvem extremamente rápidas:

1. Infraestrutura como código (IaC):

A IaC é o divisor de águas para implementações rápidas. Imagine escrever código que define toda a sua infraestrutura de nuvem - servidores, redes, armazenamento - em vez de configurar tudo manualmente através de uma consola Web. Este código pode ser controlado por versão, partilhado e reutilizado, garantindo sempre implementações consistentes e repetíveis. As ferramentas populares de IaC, como o Terraform e o AWS CloudFormation, permitem-lhe automatizar o aprovisionamento da infraestrutura, poupando-lhe horas de configuração manual.

2. Modelos pré-construídos:

Muitos fornecedores de serviços na nuvem oferecem modelos de infra-estruturas pré-construídas para casos de utilização comuns - servidores Web, bases de dados, ambientes de desenvolvimento. Estes modelos funcionam como pacotes iniciais pré-configurados, permitindo-lhe implementar rapidamente uma infraestrutura básica com o mínimo de configuração. Pense neles como refeições pré-fabricadas na cozinha da nuvem - poupam-lhe tempo a cortar legumes (configurar recursos) e permitem-lhe concentrar-se nos elementos únicos da sua aplicação.

3. Contentorização:

Os contêineres, como os contêineres Docker, empacotam seu aplicativo e suas dependências em uma unidade leve e independente. Isso permite a implantação rápida em diferentes ambientes, incluindo a nuvem. Os contêineres são rápidos para iniciar e parar, o que os torna ideais para arquiteturas de microsserviços e experimentação rápida. Imagine refeições pré-montadas (contentores) com todos os ingredientes (código e dependências) prontos a serem cozinhados (implementados) em qualquer cozinha (ambiente) na nuvem.

4. Computação sem servidor:

A computação sem servidor leva o conceito de implementações rápidas a um nível totalmente novo. Com a computação sem servidor, o utilizador concentra-se simplesmente em escrever o código para a lógica da aplicação e o fornecedor de serviços na nuvem trata de toda a infraestrutura subjacente. Isto elimina a necessidade de provisionar, gerir e escalar servidores, permitindo implementações quase instantâneas. Pense nisso como encomendar refeições pré-cozinhadas (funções sem servidor) entregues diretamente na sua mesa (ambiente de nuvem) - tudo o que precisa de fazer é aquecê-las (executar o código).

5. Mercados de infra-estruturas como serviço (IaaS):

Muitos fornecedores de serviços de computação em nuvem oferecem mercados de IaaS com pacotes de software e aparelhos pré-configurados. Estes mercados são como mercearias virtuais cheias de ingredientes pré-fabricados (software pré-configurado). Pode encontrar tudo, desde bases de dados e ferramentas de desenvolvimento a soluções de segurança e ferramentas de monitorização, tudo pronto a ser implementado no seu ambiente de nuvem com apenas alguns cliques.

Ao aproveitar essas técnicas, é possível reduzir significativamente o tempo necessário para implantar seus aplicativos na nuvem. Isso permite uma iteração mais rápida, um tempo de colocação no mercado mais rápido e a capacidade de responder às necessidades comerciais em constante mudança com maior agilidade. Assim, da próxima vez que precisar de pôr o seu projeto na nuvem a funcionar rapidamente, lembre-se destas estratégias de implementação rápida e veja a sua cozinha na nuvem ganhar vida em tempo recorde.

PRATO PRINCIPAL- CONSTRUÇÕES DE APLICAÇÕES ESCALÁVEIS NA NUVEM

A beleza da nuvem reside na sua capacidade de se adaptar e crescer a par do seu negócio. Ao contrário da infraestrutura de TI tradicional, os recursos da nuvem podem ser aumentados ou reduzidos sob demanda, garantindo que seus aplicativos possam lidar com o tráfego flutuante de usuários e com as necessidades comerciais em evolução. Este capítulo aborda os princípios e as técnicas essenciais para a criação de aplicativos de nuvem escalonáveis:

Conceção para a escalabilidade:

A base de uma aplicação escalável é uma arquitetura bem pensada. Não se deixe enganar pela simplicidade inicial do seu projeto - considere a forma como este poderá ter de crescer no futuro. Aqui estão alguns princípios-chave a ter em conta:

Arquitetura de microsserviços: Divida a sua aplicação em serviços mais pequenos e independentes que comunicam entre si através de APIs. Esta abordagem modular permite-lhe escalar serviços individuais de forma independente com base nas suas necessidades específicas. Imagine construir a sua aplicação com ingredientes pré-preparados (microsserviços) que podem ser facilmente adicionados ou removidos para ajustar o tamanho das porções (capacidade da aplicação).

Design sem estado: Esforce-se por tornar os componentes da sua aplicação sem estado. Isto significa que não armazenam dados por si próprios e dependem de fontes de dados externas, como bases de dados. As aplicações sem estado são mais fáceis de escalar horizontalmente, adicionando mais instâncias para lidar com o aumento da carga. Pense nos componentes sem estado como cozinheiros que não precisam de se lembrar de pedidos específicos (dados) - simplesmente preparam cada pedido (interação do utilizador) de forma independente.

Escalonamento horizontal: Isso envolve a adição de mais instâncias dos componentes da aplicação para distribuir a carga de trabalho. É como adicionar mais fornos à sua cozinha na nuvem durante as horas de pico para lidar com um aumento nos pedidos. Os provedores de nuvem facilitam o dimensionamento horizontal, permitindo adicionar recursos com o mínimo de esforço.

Tirar partido das tecnologias nativas da nuvem:

Aproveite o poder das ferramentas e serviços específicos da nuvem para criar aplicações verdadeiramente escaláveis:

Escalonamento automático: Este recurso oferecido pela maioria dos provedores de nuvem dimensiona automaticamente seus recursos (servidores) para cima ou para baixo com base em métricas predefinidas, como a utilização da CPU. Pense nisso como um termostato inteligente na sua cozinha na nuvem - ele ajusta automaticamente o calor (recursos) com base na temperatura desejada (desempenho do aplicativo).

Balanceadores de carga: Estes distribuem o tráfego de entrada por várias instâncias da sua aplicação, garantindo que nenhum servidor fica sobrecarregado. Imagine um restaurante com um rececionista dedicado que encaminha os clientes (tráfego) para as mesas disponíveis (instâncias de aplicação).

Adotar a monitorização e a observabilidade:

A escalabilidade requer vigilância constante. Implemente ferramentas de monitorização da nuvem para acompanhar os principais indicadores de desempenho (KPIs), como tempos de resposta e utilização de recursos. Estas ferramentas funcionam como diagnósticos para a sua cozinha na nuvem, permitindo-lhe identificar estrangulamentos e resolver proactivamente problemas de escalabilidade. Além disso, as ferramentas de observabilidade fornecem informações mais profundas sobre o comportamento da aplicação, ajudando-o a compreender o desempenho da sua aplicação sob diferentes cargas. Pense nelas como avaliações de desempenho para os seus chefes, permitindo-lhe identificar áreas de melhoria e otimizar a eficiência.

Conceção para tolerância a falhas:

A escalabilidade não é apenas uma questão de lidar com o aumento da carga; é também uma questão de garantir que a sua aplicação permanece disponível mesmo que alguns componentes falhem. É aqui que entra a tolerância a falhas:

Redundância: Implemente os componentes da aplicação em várias zonas de disponibilidade dentro de uma região ou mesmo em regiões diferentes. Isto garante que, se uma zona sofrer uma falha, a sua aplicação pode continuar a funcionar utilizando recursos noutra zona. Imagine ter várias cozinhas de backup geograficamente dispersas para garantir a continuidade do serviço, mesmo que um local enfrente problemas.

Mecanismos de auto-cura: Implementar mecanismos que detectem e recuperem automaticamente de falhas. Isso pode envolver a reinicialização de instâncias com falha ou o redirecionamento do tráfego para instâncias saudáveis. Pense nisto como ter uma equipa de chefes de cozinha prontos a intervir e a manter a cozinha a funcionar sem problemas se o chefe de cozinha (componente da aplicação) encontrar um problema.

Com esses princípios e aproveitando o poder das tecnologias nativas da nuvem, é possível criar aplicativos que não são apenas funcionais, mas também resilientes e escalonáveis. Lembre-se, uma aplicação na nuvem escalável é como uma receita bem concebida - pode ser facilmente adaptada para servir uma pequena reunião ou um grande banquete, garantindo que a sua cozinha na nuvem prospera em qualquer circunstância.

SOBREMESAS:INFORMAÇÕES SOBRE A NUVEM BASEADAS EM DADOS

Assim como um pasteleiro habilidoso usa dados sobre proporções de ingredientes e tempos de cozimento para criar sobremesas deliciosas, os insights orientados por dados são o ingrediente secreto para otimizar seu ambiente de nuvem. Na cozinha da nuvem, os dados servem como açúcar e tempero, fornecendo informações valiosas para melhorar o desempenho, reduzir custos e garantir o sucesso a longo prazo das suas implementações na nuvem. Vamos explorar os diferentes sabores dos insights de nuvem orientados por dados:

1. monitorização do desempenho: A Doce Satisfação da Eficiência

As ferramentas de monitorização da nuvem recolhem uma grande quantidade de dados sobre o desempenho da sua aplicação na nuvem. Métricas como utilização de CPU, uso de memória e tempos de resposta oferecem uma visão em tempo real de como seus aplicativos estão funcionando. Ao analisar esses dados, é possível identificar gargalos, diagnosticar problemas e otimizar a alocação de recursos. Imagine monitorizar as temperaturas do forno (utilização da CPU) e os tempos de cozedura (tempos de resposta) para garantir que os seus bolos cozem na perfeição (as aplicações têm um desempenho ótimo).

2. Otimização de custos: Evitar uma fatura amarga

A faturação na nuvem pode ser complexa, mas as informações baseadas em dados podem ajudá-lo a evitar o choque das etiquetas. Os fornecedores de serviços em nuvem oferecem análises de custos detalhadas que mostram exatamente para onde vai o seu dinheiro. Analise esses dados para identificar recursos subutilizados ou instâncias que podem ser reduzidas. Identifique ingredientes não utilizados (recursos ociosos) na sua cozinha na nuvem e ajuste a sua receita (atribuição de recursos) para evitar desperdícios (gastos desnecessários).

3. Informações sobre o comportamento do utilizador: Compreender o paladar do seu cliente

Muitas aplicações na nuvem geram dados sobre o comportamento dos utilizadores. Estes dados podem ser uma mina de ouro para compreender as necessidades e preferências dos seus utilizadores. Analise os padrões de tráfego do utilizador, os dados de fluxo de cliques e os registos de aplicações para identificar áreas de melhoria e personalizar a experiência do utilizador. Imagine estudar o feedback dos clientes (dados de utilização) para ver quais os bolos mais populares e ajustar o seu menu (funcionalidades da aplicação) em conformidade.

4. Monitorização da segurança: A cereja no topo do bolo da segurança

A segurança na nuvem é fundamental, e os dados desempenham um papel crucial na manutenção de um ambiente seguro. As ferramentas de monitorização da segurança recolhem dados sobre tentativas de acesso, actividades suspeitas e potenciais vulnerabilidades. Ao analisar estes dados, pode identificar e resolver as ameaças à segurança antes que se tornem problemas graves. Pense nisto como a monitorização de protocolos de segurança alimentar (medidas de segurança) e a realização de inspecções regulares (análise de dados) para garantir a higiene (segurança) da sua cozinha na nuvem.

5. Planeamento da capacidade: Prever a procura para um novo sucesso

Os recursos da nuvem podem ser aumentados ou reduzidos com base nas suas necessidades. Ao analisar dados históricos sobre o tráfego de utilizadores e a utilização de recursos, pode prever a procura futura e ajustar proactivamente a sua infraestrutura de nuvem. Imagine estudar as tendências de vendas sazonais (padrões de utilização) para armazenar os ingredientes certos (recursos) antes da época alta (períodos de grande procura).

As informações orientadas por dados são o ingrediente secreto que transforma as suas implementações na nuvem de boas em óptimas. Ao tirar partido destas "sobremesas" de informações valiosas, pode garantir que a sua cozinha na nuvem funciona de forma eficiente, proporciona uma experiência de utilizador agradável e permanece segura contra quaisquer ameaças. Por isso, adopte os dados como a sua bússola culinária, analise, optimize e veja a sua história de sucesso na nuvem desenrolar-se.

BEBIDAS: SEGURANÇA E CONFORMIDADE DA NUVEM

A indústria das bebidas está a viver uma revolução digital. Desde o fabrico inteligente e cadeias de fornecimento automatizadas a plataformas de comércio eletrónico e marketing personalizado, a computação em nuvem está a tornar-se um ingrediente essencial para o sucesso. No entanto, esta mudança traz um novo conjunto de desafios: segurança e conformidade na nuvem.

Segurança na nuvem: Proteger a receita secreta

A segurança na nuvem garante a confidencialidade, a integridade e a disponibilidade dos dados de uma empresa de bebidas armazenados na nuvem. Isso inclui:

- **Proteção de informações sensíveis:** As fórmulas, os segredos comerciais e os dados dos clientes (como o histórico de compras ou as restrições alimentares) são activos valiosos que necessitam de uma proteção robusta contra o acesso não autorizado.
- **Proteger a infraestrutura:** Os fornecedores de serviços em nuvem oferecem uma vasta infraestrutura, mas é crucial compreender as suas medidas de segurança e implementar controlos adicionais, como a encriptação, para salvaguardar as suas necessidades específicas.
- **Prevenção de ciberataques:** A indústria das bebidas é cada vez mais alvo de ciberataques, com o objetivo de perturbar as operações, roubar propriedade intelectual ou manipular os processos de produção. A implementação de protocolos de segurança robustos e a formação dos funcionários são vitais.

Conformidade: Manter a segurança e a legalidade

A conformidade refere-se ao cumprimento dos regulamentos do sector e das leis de privacidade de dados. Para as empresas de bebidas, isto pode envolver:

- **Regulamentos de segurança alimentar:** Muitos países têm regulamentos rigorosos relativamente à segurança dos alimentos e bebidas. Os sistemas baseados na nuvem devem garantir a integridade dos dados para rastreabilidade e controlo de qualidade.
- **Leis de privacidade de dados:** Os dados dos consumidores, como o histórico de compras e as preferências alimentares, devem ser protegidos de acordo com regulamentos como o RGPD (Europa) ou a CCPA (Califórnia). Os fornecedores de serviços em nuvem devem oferecer funcionalidades para cumprir estes regulamentos.
- **Normas específicas do sector:** Certos segmentos de bebidas podem ter requisitos de conformidade adicionais. Por exemplo, alguns países exigem o rastreio detalhado dos ingredientes para a

rotulagem de alergénios. A solução na nuvem deve ser adaptável a estas necessidades.

Encontrar a mistura certa

Equilibrar a segurança e a conformidade da nuvem pode ser uma tarefa complexa, mas é crucial para a indústria das bebidas. Aqui estão algumas dicas:

1. **Escolha um fornecedor de serviços na nuvem com boa reputação:** Selecione um fornecedor conhecido por práticas de segurança sólidas e certificações de conformidade relevantes para o seu sector.
2. **Implementar uma estratégia de segurança abrangente:** Desenvolva uma abordagem em camadas que inclua encriptação de dados, controlos de acesso e avaliações regulares de vulnerabilidades.
3. **Formar os funcionários em matéria de cibersegurança:** Formar o pessoal sobre as ciberameaças e as melhores práticas para o tratamento seguro de dados no ambiente de nuvem.
4. **Mantenha-se informado sobre os regulamentos de conformidade:** Monitorize e adapte continuamente a sua estratégia de nuvem à evolução dos regulamentos e das normas do sector.

Ao dar prioridade à segurança e à conformidade da nuvem, as empresas de bebidas podem desbloquear todo o potencial da transformação digital, garantindo simultaneamente a segurança e a privacidade dos seus valiosos dados. Lembre-se, no mundo da computação em nuvem para bebidas, uma mistura segura e em conformidade é a receita para o sucesso.

APLICAÇÃO NATIVA DA NUVEM

No dinâmico cenário digital atual, as empresas estão cada vez mais a recorrer à computação em nuvem para obter agilidade, escalabilidade e eficiência. Mas a simples migração de aplicações existentes para a nuvem nem sempre é suficiente para colher todos os benefícios. É aqui que entram as aplicações nativas da nuvem. Imagine-os como os chefes perfeitamente adequados para a sua cozinha na nuvem - concebidos e optimizados para prosperar neste ambiente digital.

Aplicações tradicionais vs. aplicações nativas da nuvem:

Aplicações tradicionais: Muitas vezes, programas de software monolíticos e volumosos criados para servidores locais. Podem ser lentos a adaptar-se e ter dificuldade em escalar eficazmente na nuvem. Imagine um chefe de cozinha tradicional a lutar para adaptar as suas receitas e métodos de cozedura a um ambiente de cozinha completamente novo.

Aplicações nativas da nuvem: Projetados especificamente para a nuvem, criados desde o início com arquitetura de microsserviços, conteinerização e princípios de DevOps. Pense em um aplicativo nativo da nuvem como uma equipe de chefs especializados colaborando perfeitamente em uma cozinha na nuvem bem equipada.

Principais caraterísticas das aplicações nativas da nuvem:

Arquitetura de microsserviços: As aplicações são divididas em serviços mais pequenos, independentes e pouco acoplados, cada um com uma função específica. Isto permite o desenvolvimento, a implementação e o escalonamento independentes. Imagine que cada chefe se especializa num determinado prato, permitindo uma preparação mais rápida e uma adaptação mais fácil às alterações das exigências dos clientes.

Containerização: Os microsserviços são empacotados em contentores, unidades leves que incluem todas as dependências necessárias para executar o serviço em qualquer plataforma de nuvem. Isso garante a portabilidade e a consistência entre ambientes. Pense em cada contentor como um conjunto pré-medido e preparado de ingredientes para um prato específico, pronto para ser cozinhado em qualquer cozinha na nuvem.

Princípios do DevOps: O desenvolvimento nativo da cloud abraça o DevOps, uma cultura de colaboração entre os programadores e as equipas de operações. Isto promove ciclos de desenvolvimento rápidos, integração e entrega contínuas (CI/CD) e aprovisionamento automatizado de infra-estruturas. Imagine os chefes e a equipa de cozinha a trabalharem em conjunto sem problemas, com processos simplificados para a criação de receitas, preparação de ingredientes e cumprimento de encomendas.

Benefícios das aplicações nativas da nuvem:

- ✓ Maior agilidade: A arquitetura de microsserviços permite um desenvolvimento, implementação e actualizações mais rápidos. Os chefes de cozinha nativos da nuvem podem adaptar rapidamente as suas receitas e menus com base no feedback dos clientes ou nas alterações das exigências do mercado.
- ✓ Escalabilidade melhorada: As aplicações podem ser facilmente escaladas para cima ou para baixo com base na procura, escalando microsserviços individuais. A cozinha na nuvem pode ajustar o seu pessoal e a atribuição de recursos com base no número de encomendas recebidas.
- ✓ Resiliência aprimorada: A falha num microsserviço não faz cair toda a aplicação. Outros serviços podem continuar a funcionar, da mesma forma que um único prato indisponível na cozinha da nuvem não interromperia totalmente as operações.
- ✓ Maior eficiência: A contentorização e a automatização simplificam a implementação e a gestão de recursos. A cozinha na nuvem utiliza seus recursos de forma eficaz, reduzindo o desperdício e otimizando a eficiência operacional geral.

As aplicações nativas da nuvem são o futuro do desenvolvimento de software para a era da nuvem. Ao adotar esta abordagem, as empresas podem desbloquear todo o potencial da computação em nuvem e obter uma vantagem competitiva no mercado digital. Tal como uma cozinha na nuvem bem concebida proporciona experiências culinárias excepcionais, as aplicações nativas da nuvem permitem às empresas criar soluções inovadoras e escaláveis que satisfazem as exigências em constante evolução do mundo digital.

SOLUÇÃO DE NUVEM HÍBRIDA

Imagine um restaurante que oferece um menu à la carte e um especial do dia. Esta é a essência de uma solução de nuvem híbrida: combina a flexibilidade e a escalabilidade da nuvem pública com a segurança e o controlo de uma nuvem privada, dando-lhe a liberdade de escolher o ambiente perfeito para cada um dos seus pratos digitais.

Porquê escolher a nuvem híbrida?

Implantação sob medida: Nem todos os aplicativos têm as mesmas necessidades. Uma nuvem híbrida permite-lhe implementar aplicações sensíveis à segurança na sua nuvem privada, enquanto as cargas de trabalho com muitos recursos podem aproveitar a escalabilidade da nuvem pública. É como oferecer pratos gourmet preparados na sua própria cozinha (nuvem privada) e pratos favoritos que agradam ao público provenientes de um fornecedor fiável (nuvem pública).

Flexibilidade e controlo: As soluções de nuvem híbrida fornecem a agilidade da nuvem pública quando necessário, ao mesmo tempo que lhe permitem manter o controlo sobre os seus dados sensíveis na nuvem privada. Esta flexibilidade é como ter a capacidade de ajustar o seu menu com base em ocasiões especiais ou ingredientes sazonais, continuando a oferecer os principais favoritos dos clientes.

Otimização de custos: Ao alocar estrategicamente as cargas de trabalho, pode aproveitar a rentabilidade da nuvem pública para tarefas específicas, mantendo as operações críticas no ambiente controlado da sua nuvem privada. É como otimizar o seu menu para oferecer opções económicas ao lado de pratos premium, atendendo a uma maior variedade de clientes sem sacrificar a rentabilidade.

Principais considerações sobre a nuvem híbrida:

Conectividade de rede: É crucial garantir um fluxo de dados contínuo e seguro entre os ambientes de nuvem privada e pública. É como ter uma equipa de empregados de mesa bem coordenada que pode entregar eficientemente os pedidos entre a cozinha (nuvem privada) e a área de refeições (nuvem pública).

Complexidade de gerenciamento: A gestão de uma nuvem híbrida requer um planeamento e uma coordenação cuidadosos. Processos e ferramentas padronizados são essenciais para uma operação tranquila. Pense nisso como ter protocolos bem definidos para comunicação e colaboração entre os seus chefes e a equipa que gere as entregas dos seus fornecedores externos.

Medidas de segurança: Protocolos de segurança robustos são essenciais para proteger os seus dados em ambos os ambientes. Tal como um restaurante dá prioridade à segurança alimentar, necessita de medidas de segurança sólidas para garantir a integridade dos seus dados tanto na nuvem privada como na pública.

Benefícios das soluções de nuvem híbrida:

- ✓ **Agilidade e escalabilidade aprimoradas:** Responda às necessidades empresariais em constante mudança, dimensionando perfeitamente os recursos na nuvem pública e mantendo o controlo sobre as aplicações principais na nuvem privada. Essa adaptabilidade permite atender às demandas flutuantes dos clientes, assim como um restaurante pode ajustar seu menu com base em épocas de pico ou eventos especiais.
- ✓ **Recuperação de desastres aprimorada:** Um ambiente de nuvem privada actua como uma cópia de segurança em caso de falhas na nuvem pública. Esta redundância assegura a continuidade do negócio, tal como ter uma cozinha de reserva preparada em caso de problemas inesperados com a sua cozinha principal.
- ✓ **Custos otimizados:** Pague apenas pelos recursos da nuvem pública que utilizar, mantendo o controlo dos dados confidenciais na sua nuvem privada. Esta abordagem económica é como ter um menu que oferece ingredientes de alta qualidade e opções económicas, apelando a uma gama mais ampla de clientes sem comprometer a qualidade.

As soluções de nuvem híbrida oferecem uma abordagem versátil à computação em nuvem. Ao considerar cuidadosamente as suas necessidades empresariais e adotar a combinação certa de recursos de nuvem pública e privada, pode criar um menu digital que proporciona um desempenho, segurança e rentabilidade ideais para a sua organização. Isto permite-lhe concentrar-se nos seus principais objectivos empresariais, tal como o proprietário de um restaurante pode concentrar-se em proporcionar experiências excepcionais aos clientes com a combinação certa de recursos internos e externos.

CONCEPÇÃO DA NUVEM

O modelo tradicional de restaurante de tijolo e argamassa está a enfrentar um novo concorrente: a cozinha na nuvem. Estas cozinhas de entrega exclusiva estão a revolucionar a indústria dos serviços alimentares ao eliminarem a necessidade de uma área de refeições, concentrando-se apenas na preparação eficiente dos alimentos e no cumprimento das encomendas. Esta mudança de foco abre um mundo de possibilidades de design. Ao contrário dos restaurantes tradicionais, onde a estética desempenha um papel importante na atração de clientes, as cozinhas na nuvem dão prioridade à funcionalidade e à eficiência. No entanto, isto não significa que tenham de ser estéreis e pouco inspiradoras. Através da utilização inteligente do espaço, da otimização dos fluxos de trabalho e da incorporação de tecnologias inovadoras, o design de uma cozinha na nuvem pode criar um ambiente dinâmico e produtivo que maximiza a produção, mantendo os custos operacionais baixos. Esta liberdade de design recém-descoberta abre portas à experimentação, permitindo que os empresários adaptem a disposição da sua cozinha ao seu menu específico, público-alvo e requisitos da plataforma de entrega. Em última análise, a conceção de uma cozinha na nuvem bem sucedida é uma mistura estratégica de funcionalidade, tecnologia e um toque de criatividade, assegurando uma operação sem problemas que entrega comida deliciosa diretamente à sua porta.

DISPOSIÇÃO DA COZINHA: CONCEPÇÃO DE ARQUITECTURAS DE NUVEM

O conceito de conceção da disposição da cozinha tem paralelos surpreendentes com a conceção de arquitecturas de nuvens. Ambos envolvem a criação de um ambiente funcional e eficiente para tarefas específicas. Vamos explorar como:

Otimização do fluxo de trabalho:

Disposição da cozinha: Uma cozinha bem concebida posiciona as áreas principais (zona de preparação, fogão, lava-loiça) num "triângulo de trabalho" para minimizar o movimento do chefe e o tempo perdido. Da mesma forma, uma arquitetura de nuvem agrupa os serviços relacionados e o armazenamento de dados próximos uns dos outros para um processamento e uma transferência de dados mais rápidos.

Arquitetura da nuvem: Serviços como bases de dados e máquinas virtuais são colocados estrategicamente dentro da rede da nuvem para reduzir a latência e melhorar o desempenho das aplicações.

Escalabilidade:

Disposição da cozinha: Uma cozinha modular permite adicionar ou remover electrodomésticos à medida que as necessidades evoluem. Da mesma forma, a arquitetura da nuvem oferece recursos escaláveis. Pode facilmente adicionar ou remover máquinas virtuais e armazenamento à medida que a sua empresa cresce.

Arquitetura da nuvem: A escalabilidade a pedido é uma das principais vantagens da computação em nuvem. Só paga pelos recursos que utiliza, o que o torna perfeito para empresas com cargas de trabalho flutuantes.

Eficiência:

Disposição da cozinha: Uma cozinha bem concebida minimiza os estrangulamentos, assegurando um fluxo adequado. Um amplo espaço no balcão e áreas designadas para tarefas específicas, como cortar ou limpar, aumentam a eficiência.

Arquitetura em nuvem: A automatização de tarefas como o aprovisionamento de servidores e a implementação de aplicações simplifica as operações em ambientes de nuvem. Isto liberta o pessoal de TI para se concentrar em tarefas de nível superior.

Especialização:

Disposição da cozinha: Uma cozinha na nuvem de grande volume pode ter estações dedicadas a tarefas específicas, como a preparação de pizzas ou a cozedura em wok. Esta abordagem de linha de montagem reflecte uma arquitetura de nuvem em que os serviços especializados tratam de funções específicas (segurança, gestão de dados).

Arquitetura em nuvem: As plataformas de nuvem oferecem uma variedade de serviços pré-configurados para bases de dados, análises ou aprendizagem automática. Isto permite às empresas tirar partido de ferramentas especializadas sem as gerir internamente.

Tendo em conta estes paralelismos, eis como pode aproveitar a abordagem de "disposição da cozinha" para a sua arquitetura de nuvem:

- **Mapeie o seu fluxo de trabalho:** Identifique os principais processos e fluxos de dados nas suas aplicações.
- **Colocar os serviços de forma estratégica:** Agrupar serviços relacionados e armazenamento de dados para otimizar a comunicação e minimizar a latência.
- **Design para escalabilidade:** Escolha soluções de nuvem que permitam um escalonamento fácil dos recursos à medida que a sua empresa cresce.
- **Automatizar sempre que possível:** Tire partido das funcionalidades de automatização da nuvem para simplificar as tarefas e melhorar a eficiência.

Ao adotar uma abordagem ponderada e "inspirada na cozinha", pode conceber uma arquitetura de nuvem que seja eficiente, escalável e perfeitamente adequada às suas necessidades empresariais.

EQUIPAMENTO DE COZINHA: SELECÇÃO DA INFRA-ESTRUTURA DE COMPUTAÇÃO EM NUVEM

Tal como escolher as ferramentas certas para o trabalho na cozinha, a seleção da infraestrutura de nuvem adequada requer uma análise cuidadosa das suas necessidades. Eis como a analogia se traduz:

Equipamento essencial:

Cozinha: Todas as cozinhas necessitam de equipamento básico como fornos, frigoríficos e fogões. Estes são os cavalos de batalha que tratam das tarefas básicas.

Infraestrutura de nuvem: O "equipamento essencial" na infraestrutura de nuvem traduz-se em serviços essenciais como recursos de computação (máquinas virtuais), armazenamento (para dados) e rede (para comunicação). Estes são os elementos fundamentais para qualquer implementação de nuvem.

Ferramentas especializadas:

Cozinha: Os utensílios especializados, como um forno para pizzas ou uma fritadeira, destinam-se a estilos culinários específicos. Melhoram a eficiência de tarefas específicas.

Infraestrutura de nuvem: As plataformas de nuvem oferecem uma ampla gama de serviços especializados além das opções principais. Estes incluem bases de dados, ferramentas de análise, plataformas de aprendizagem automática e serviços de contentorização. Eles atendem a necessidades e cargas de trabalho específicas.

Menu vs. Necessidades da empresa:

Cozinha: O tipo de cozinha que cozinha determina as suas escolhas de equipamento. Uma pizzaria precisa de um forno potente, enquanto uma padaria pode dar prioridade a um armário de provas.

Infraestrutura de nuvem: As necessidades da sua empresa determinam a infraestrutura de nuvem que escolhe. Uma empresa de análise de dados requer armazenamento e capacidade de processamento robustos, enquanto uma plataforma de comércio eletrónico dá prioridade à escalabilidade e à segurança.

Escolher o equipamento correto para o trabalho:

Cozinha: Escolher o tamanho e a capacidade corretos para o seu equipamento é crucial. Um forno de grandes dimensões para uma cozinha pequena é um desperdício, enquanto um forno de baixa potência prejudica a produtividade.

Infraestrutura de nuvem: À semelhança do equipamento de cozinha, os recursos da nuvem existem em vários tamanhos e configurações. Analise a sua carga de trabalho e escolha os recursos (máquinas virtuais) com a capacidade de processamento e a memória adequadas para responder às suas necessidades de forma eficiente, evitando gastos excessivos.

Escalabilidade:

Cozinha: Um restaurante em crescimento pode precisar de atualizar o seu equipamento para fazer face ao aumento da procura.

Infraestrutura de nuvem: A beleza da infraestrutura de nuvem é a sua escalabilidade inerente. Pode facilmente adicionar ou remover recursos, como máquinas virtuais e armazenamento, à medida que as necessidades da sua empresa flutuam.

A analogia do "equipamento de cozinha" para selecionar a infraestrutura da nuvem:

1. **Identificar as suas necessidades comerciais:** Analise os requisitos de recursos das suas aplicações (capacidade de processamento, armazenamento) e os padrões de carga de trabalho.
2. **Escolha os serviços principais:** Selecione os componentes essenciais da infraestrutura da nuvem - computação, armazenamento e rede - com base na sua dimensão e necessidades.
3. **Explorar serviços especializados:** Investigue os serviços adicionais da plataforma de nuvem, como bases de dados ou ferramentas de análise, que podem melhorar as suas operações.
4. **Dimensione corretamente os seus recursos:** Não aprovisione em excesso. Escolha recursos com a capacidade correta para evitar custos desnecessários.
5. **Planear o dimensionamento:** Selecione uma plataforma de nuvem que permita o escalonamento fácil dos recursos à medida que a sua empresa cresce.

Ao considerar cuidadosamente as suas necessidades comerciais e ao adotar esta abordagem de "equipamento de cozinha", pode selecionar a infraestrutura de nuvem mais adequada para as suas operações, garantindo um desempenho eficiente e uma boa relação custo-eficácia.

PESSOAL DE COZINHA: GERIR OS RECURSOS DA NUVEM

O pessoal qualificado de uma cozinha mantém tudo a funcionar corretamente. Da mesma forma, a gestão eficaz dos recursos da nuvem requer a abordagem e os conhecimentos corretos. Eis como a analogia do pessoal de cozinha se traduz na gestão dos recursos da nuvem:

Funções da equipa:

Equipa de cozinha: Uma cozinha que funcione bem tem uma equipa com funções especializadas - chefe de cozinha (supervisiona as operações), cozinheiros de linha (executam as tarefas) e cozinheiros de preparação (preparam os ingredientes).

Gestão de recursos na nuvem: O gerenciamento de recursos de nuvem também se beneficia de uma equipe designada. Essa equipe pode incluir um arquiteto de nuvem (projetando a infraestrutura), engenheiros de nuvem (provisionando e gerenciando recursos) e analistas de custos de nuvem (otimizando os gastos).

Seguir as receitas (instruções):

Pessoal de cozinha: Os cozinheiros seguem receitas para garantir uma qualidade consistente e uma preparação eficiente.

Gestão de recursos na nuvem: Os recursos da nuvem são provisionados e geridos com base em configurações predefinidas, como "receitas", para garantir um desempenho consistente e evitar erros. As ferramentas de Infraestrutura como código (IaC) automatizam estas configurações, actuando como as receitas para os recursos da nuvem.

Monitorização e adaptação:

Equipa de cozinha: Chefes de cozinha experientes monitorizam os processos de cozedura e ajustam os parâmetros (calor, tempo) conforme necessário para garantir resultados óptimos.

Gestão de recursos na nuvem: As ferramentas de monitorização da nuvem acompanham a utilização e o desempenho dos recursos. Tal como os chefes adaptam a sua cozinha, os gestores da nuvem podem aumentar ou diminuir os recursos (adicionar ou remover máquinas virtuais) com base nas exigências em tempo real, optimizando o desempenho e o custo.

Limpeza e eficácia:

Pessoal de cozinha: A manutenção de uma cozinha limpa e organizada é crucial para a eficiência e a higiene.

Gestão de recursos na nuvem: A limpeza regular de recursos não utilizados (máquinas virtuais ociosas, armazenamento redundante) na nuvem garante a utilização ideal dos recursos e evita custos desnecessários. Isto é semelhante a manter a sua cozinha organizada e evitar a desarrumação.

Comunicação e colaboração:

Pessoal da cozinha: A comunicação eficaz entre chefes de cozinha, cozinheiros e outro pessoal é essencial para o bom funcionamento da cozinha.

Gerenciamento de recursos de nuvem: A colaboração entre as equipas de gestão da nuvem, os programadores e outras partes interessadas garante que os recursos estão alinhados com as necessidades da empresa.

A analogia do "pessoal da cozinha" para a gestão dos recursos da nuvem:

1. **Criar uma equipa de gestão da nuvem:** Crie uma equipa com as competências certas para lidar com a arquitetura da nuvem, o aprovisionamento de recursos e a otimização de custos.
2. **Definir a infraestrutura como código (IaC):** Crie configurações padronizadas para provisionar e gerenciar recursos de nuvem, garantindo consistência e repetibilidade.

3. **Implementar ferramentas de monitorização da nuvem:** Monitorizar proactivamente a utilização e o desempenho dos recursos para identificar áreas de otimização.
4. **Pratique a higiene regular dos recursos:** Limpe os recursos não utilizados para otimizar o seu ambiente de nuvem e evitar gastos desnecessários.
5. **Promover a comunicação e a colaboração:** Assegurar uma comunicação clara entre a gestão da nuvem, os programadores e outras partes interessadas para alinhar os recursos com os objectivos comerciais.

Ao adotar esta abordagem de "pessoal de cozinha", pode estabelecer uma estratégia de gestão de recursos de nuvem bem oleada que garanta a eficiência, o desempenho e a rentabilidade da sua infraestrutura de nuvem.

PLANEAMENTO DA NUVEM

Na era digital atual, o domínio dos "restaurantes" deu uma volta fascinante. Os estabelecimentos de tijolo e cimento continuam a ter um encanto especial, mas surgiu um novo tipo de experiência culinária - a cozinha na nuvem. Estas cozinhas virtuais funcionam sem um espaço para refeições, concentrando-se apenas na entrega e no take-away online. Esta mudança no panorama do serviço alimentar apresenta desafios e oportunidades únicos, especialmente no que diz respeito ao planeamento de menus. Ao contrário dos restaurantes tradicionais, cujos menus são meticulosamente elaborados para um ambiente e uma clientela específicos, as cozinhas virtuais exigem uma abordagem estratégica à conceção dos menus. Aqui, o conceito de "planeamento de menus na nuvem" assume um papel central. É um processo meticuloso que considera factores que vão para além da comida deliciosa. Trata-se de compreender o seu público-alvo, otimizar os pratos para viagens, tirar partido da tecnologia para obter eficiência e ter em atenção os custos. Imagine uma cozinha na nuvem como uma máquina bem oleada, produzindo pratos deliciosos para serem saboreados em casa. O planeamento de menus na nuvem funciona como a receita desta máquina, assegurando que cada elemento - desde a seleção do prato até à apresentação - é optimizado para o sucesso da entrega. Tal como um chefe experiente não se limita a juntar os ingredientes, uma cozinha na nuvem prospera com um menu meticulosamente planeado que satisfaz as exigências específicas do mundo do serviço alimentar digital. Esta introdução prepara o terreno para uma exploração mais profunda do planeamento de menus na nuvem. Iremos aprofundar os principais ingredientes que compõem um menu na nuvem bem sucedido, explorar estratégias para otimizar os pratos para entrega e discutir o papel da tecnologia na simplificação do processo. Ao compreender os meandros do planeamento de menus na nuvem, pode desbloquear todo o potencial da sua cozinha virtual e proporcionar uma experiência verdadeiramente satisfatória, uma deliciosa dentada de cada vez.

CRIAÇÃO DE MENUS: DEFINIÇÃO DE ESTRATÉGIAS DE COMPUTAÇÃO EM NUVEM

As estratégias de nuvem envolvem um planeamento cuidadoso e a consideração do seu público-alvo e dos objectivos gerais. Eis como a analogia da criação de menus se traduz na definição de estratégias na nuvem:

Compreender o seu público:

Criação de ementas: Uma ementa de restaurante bem-sucedida vai ao encontro dos gostos e preferências da sua clientela-alvo. Saber quem são os seus clientes é crucial para o desenvolvimento do menu.

Estratégias de nuvem: A definição da sua estratégia de nuvem requer a compreensão das suas necessidades comerciais e padrões de carga de trabalho. É uma empresa orientada para os dados que requer armazenamento e análise robustos, ou uma plataforma de comércio eletrónico que dá prioridade à escalabilidade e ao tempo de atividade.

Conceção e otimização de menus:

Criação de menus: Um menu bem concebido é visualmente apelativo, fácil de navegar e destaca os pratos mais rentáveis. Pode até utilizar a colocação estratégica para influenciar as escolhas dos clientes.

Estratégias de nuvem: A sua estratégia de nuvem deve ser concebida para otimizar o desempenho, a relação custo-eficácia e a escalabilidade. Pode escolher uma combinação de serviços de nuvem (computação, armazenamento) com base nas suas necessidades específicas, tal como destacar pratos específicos num menu.

Equilíbrio entre variedade e eficiência:

Criação de menus: Embora a oferta de variedade seja importante, o menu de um restaurante não deve ser demasiado extenso. Os pratos de preparação complexa ou com elevadas taxas de deterioração devem ser evitados.

Estratégias de nuvem: Uma estratégia de nuvem bem definida oferece uma gama de serviços para satisfazer as suas necessidades, mas é crucial evitar a subscrição excessiva de serviços desnecessários. Concentre-se nas funcionalidades principais que oferecem o maior valor.

Especialização e personalização:

Criação de menus: Alguns restaurantes especializam-se numa determinada cozinha ou oferecem opções personalizáveis para satisfazer necessidades dietéticas.

Estratégias de nuvem: As plataformas de nuvem oferecem uma variedade de serviços especializados para além da computação e do armazenamento principais. Pode tirar partido de serviços como bases de dados geridas ou ferramentas de aprendizagem automática para personalizar o seu ambiente de nuvem para as suas necessidades específicas.

Cálculo de custos e fixação de preços de menus:

Criação de menus: Os restaurantes consideram cuidadosamente os custos dos ingredientes e as margens de lucro desejadas quando definem os preços dos itens do menu.

Estratégias de nuvem: Os modelos de preços da nuvem variam. Compreender os seus padrões de utilização de recursos permite-lhe escolher um modelo de preços rentável para o seu ambiente de nuvem. À semelhança do preço do menu, pretende otimizar a sua estratégia de nuvem para obter valor.

Ao aplicar os princípios da criação de menus, pode definir uma estratégia de nuvem que seja:

1. **Direcionado:** Alinhado com as suas necessidades e objectivos comerciais específicos.
2. **Optimizado:** Concebido para uma utilização eficiente dos recursos e uma boa relação custo-eficácia.
3. **Escalável:** Capaz de se adaptar a cargas de trabalho variáveis e ao crescimento futuro.
4. **Personalizável:** Utiliza serviços especializados para atender às suas necessidades exclusivas.
5. **Económica:** Fornece o equilíbrio certo de caraterísticas e funcionalidades dentro do seu orçamento.

Tendo em conta as necessidades da sua empresa e adoptando esta abordagem de "criação de menu", pode definir uma estratégia de nuvem que proporcione a combinação perfeita de desempenho, custo e escalabilidade para as suas operações digitais.

TESTE DE MENUS: PROJECTOS-PILOTO DE COMPUTAÇÃO EM NUVEM

Um restaurante não lançaria um menu completo sem testar, as empresas não devem lançar-se de cabeça num ambiente de nuvem complexo. Eis como o conceito de "teste de menu" se traduz em projectos-piloto na nuvem:

Aperfeiçoar o menu:

Restaurante: Antes de revelar um novo menu, os restaurantes podem testar os pratos com um público limitado para receber feedback e aperfeiçoar as receitas. Isto assegura que o menu final oferece opções deliciosas e bem recebidas.

Projectos-piloto na nuvem: Os projetos-piloto de nuvem funcionam como um campo de testes para sua estratégia de nuvem. Ao implantar uma versão em pequena escala do ambiente de nuvem pretendido, é possível identificar possíveis problemas, otimizar configurações e garantir que os serviços escolhidos atendam às suas necessidades antes de se comprometer totalmente.

Identificar o ajuste correto:

Restaurante: O teste de menus ajuda a identificar os pratos que não se deslocam bem ou que demoram demasiado tempo a preparar, garantindo uma experiência gastronómica tranquila.

Projetos-piloto de nuvem: Os projectos-piloto de nuvem permitem-lhe avaliar o desempenho de serviços e configurações de nuvem específicos. Pode testar a escalabilidade, as medidas de segurança e a integração com os sistemas existentes antes de uma implementação em grande escala.

Experimentação rentável:

Restaurante: Testar pratos em pequena escala permite a experimentação económica de novas receitas antes de se comprometer com a implementação de um menu completo.

Projectos-piloto na nuvem: Os projectos-piloto de nuvem são uma forma económica de experimentar diferentes soluções e configurações de nuvem. Só paga pelos recursos limitados utilizados durante a fase de teste, minimizando o risco financeiro.

Recolha de feedback e iteração:

Restaurante: O feedback dos testes de menus ajuda a aperfeiçoar as receitas e a apresentação com base nas preferências dos clientes. Isto garante que a ementa final seja do agrado do público-alvo.

Projectos-piloto na nuvem: Os projectos-piloto na nuvem fornecem informações valiosas sobre o desempenho, a escalabilidade e a eficácia geral. Com base nesse feedback, é possível iterar a estratégia e as configurações da nuvem para obter os melhores resultados.

Benefícios dos projectos-piloto de computação em nuvem:

Ao adotar a abordagem de "teste de menu" com projectos-piloto de nuvem, obtém vários benefícios:

1. **Risco reduzido:** Identifique e resolva potenciais problemas antes de uma implementação da nuvem em grande escala.
2. **Desempenho melhorado:** Optimize as configurações para uma utilização eficiente dos recursos e do desempenho das aplicações.
3. **Poupança de custos:** Evite erros dispendiosos testando diferentes soluções de nuvem antes de se comprometer com uma.
4. **Segurança aprimorada:** Testar as medidas de segurança num ambiente controlado para garantir um ambiente de nuvem seguro.
5. **Tomada de decisão informada:** Reúna dados e obtenha insights para fazer escolhas informadas sobre sua estratégia de nuvem.

Os projectos-piloto na nuvem, tal como os testes de menus para restaurantes, são um passo crucial para garantir uma migração ou implementação bem sucedida da nuvem. Ao dedicar algum tempo para testar e aperfeiçoar a sua estratégia de nuvem através de projectos-piloto, pode evitar erros dispendiosos e estabelecer as bases para um ambiente de nuvem de elevado desempenho, seguro e económico.

OPTIMIZAÇÃO DO MENU: MELHORIA CONTÍNUA DA NUVEM

Um restaurante de sucesso está constantemente a ajustar o seu menu para se manter à frente da curva, a melhoria contínua é o ingrediente chave para um ambiente de nuvem próspero. Eis como o conceito de "otimização do menu" se traduz no mundo da computação em nuvem:

Manter o seu menu atualizado:

Restaurante: Um restaurante próspero não se limita a lançar um menu estático. Analisam as preferências dos clientes, as tendências alimentares e os ingredientes sazonais para manterem as suas ofertas interessantes e relevantes. Isto assegura um fluxo constante de clientes satisfeitos.

Otimização da nuvem: Os ambientes de nuvem requerem monitoramento e ajuste constantes para garantir que permaneçam eficientes, econômicos e alinhados às suas necessidades comerciais em evolução. Tal como a atualização de um menu, a otimização da nuvem mantém a sua infraestrutura virtual dinâmica e recetiva às novas exigências.

Analisar as preferências dos clientes:

Restaurante: Os restaurantes utilizam os dados de vendas e o feedback dos clientes para identificar pratos populares e áreas a melhorar. Isto permite-lhes adaptar o seu menu para melhor servir a sua clientela.

Otimização da nuvem: As ferramentas de monitorização da nuvem fornecem informações valiosas sobre a utilização de recursos, o desempenho das aplicações e os potenciais estrangulamentos. Estes dados funcionam como o "feedback do cliente" na nuvem, ajudando-o a identificar áreas de otimização, tais como dimensionamento de recursos ou ajuste de configurações para garantir um desempenho máximo.

Ajustes sazonais:

Restaurante: Os menus mudam frequentemente de acordo com a estação para incorporar ingredientes frescos e locais e satisfazer as preferências dos clientes ao longo do ano. Um menu de verão pode incluir opções mais leves, enquanto as ofertas de inverno podem centrar-se na comida de conforto.

Otimização da nuvem: O seu ambiente de nuvem também pode exigir ajustes com base em flutuações sazonais da carga de trabalho. Por exemplo, as plataformas de comércio eletrónico podem precisar de aumentar os recursos durante as épocas de pico de compras para lidar com o aumento do tráfego. Ao otimizar a sua infraestrutura de nuvem para estas flutuações previsíveis, garante operações sem problemas e uma experiência positiva para o cliente.

Controlo de custos e eficiência:

Restaurante: Os restaurantes revêem regularmente os seus menus para identificar ingredientes de custo elevado ou pratos com margens de lucro reduzidas. Podem ajustar as receitas ou eliminar itens de baixo desempenho para otimizar a rentabilidade.

Otimização da nuvem: A análise regular dos custos da nuvem ajuda a identificar potenciais áreas de poupança. Pode explorar opções como instâncias reservadas ou preços pontuais para recursos não utilizados, à semelhança de um restaurante que optimiza o seu menu para obter rentabilidade. Isto garante que não está a pagar por "ingredientes" virtuais de que não precisa.

O Ciclo de Melhoria Contínua:

Restaurante: Os restaurantes bem-sucedidos têm um ciclo de feedback - analisam os dados dos clientes, aperfeiçoam o menu, recolhem mais feedback e repetem o processo. Este ciclo garante a melhoria contínua e a satisfação do cliente.

Otimização da nuvem: A otimização da nuvem segue um ciclo semelhante. Monitorizar o desempenho, identificar áreas de melhoria, implementar alterações com base nos dados e continuar a monitorizar para manter a eficácia contínua. Essa abordagem iterativa garante que seu ambiente de nuvem permaneça perfeitamente calibrado para suas necessidades comerciais.

Benefícios da otimização contínua da nuvem:

Ao adotar uma abordagem de "otimização de menus" para a melhoria da nuvem, obtém várias vantagens:

1. **Redução de custos:** Identificar e eliminar despesas supérfluas em recursos subutilizados.
2. **Desempenho melhorado:** Optimize as configurações para uma utilização eficiente dos recursos e do desempenho das aplicações.
3. **Segurança reforçada:** Monitorizar e atualizar continuamente as medidas de segurança para fazer face à evolução das ameaças.
4. **Maior escalabilidade:** Garanta que seu ambiente de nuvem possa se adaptar às mudanças nas cargas de trabalho e ao crescimento futuro.
5. **Ambiente de nuvem dinâmico:** Mantenha um ambiente de nuvem que seja ágil e responsivo às suas necessidades comerciais em evolução.

Lembre-se, os ambientes de nuvem são dinâmicos, não estáticos. Seguindo uma abordagem de "otimização do menu" e monitorizando, analisando e refinando continuamente a sua estratégia de nuvem, pode garantir que a sua cozinha virtual permanece eficiente, económica e perfeitamente adequada para satisfazer as exigências em constante mudança da sua empresa. Esta melhoria contínua garante que a sua infraestrutura de nuvem serve de base para o sucesso, tal como um menu bem elaborado alimenta um restaurante próspero

EXPERIÊNCIA NA NUVEM

O jantar nas nuvens, um conceito relativamente novo, oferece uma forma única e emocionante de experimentar refeições requintadas. Imagine uma refeição luxuosa suspensa acima do horizonte da cidade, com vistas de cortar a respiração como pano de fundo. Os restaurantes de refeições nas nuvens utilizam gruas para içar plataformas especialmente concebidas, transformando-as em refúgios temporários de refeições requintadas. Enquanto desfrutam de pratos meticulosamente preparados, os clientes podem maravilhar-se com as vistas panorâmicas, criando uma experiência gastronómica inesquecível e verdadeiramente extraordinária. No entanto, esta exclusividade tem um preço, uma vez que as refeições nas nuvens são normalmente uma oferta premium.

SATISFAÇÃO DO CLIENTE: MONITORIZAÇÃO DO DESEMPENHO DA NUVEM

No mundo digital de hoje, a satisfação do cliente depende de uma experiência online eficiente e sem falhas. Isto é especialmente verdade para as empresas que dependem de plataformas baseadas na nuvem para prestar os seus serviços. Tal como uma cozinha a funcionar bem garante a satisfação dos clientes num restaurante, a monitorização do desempenho da nuvem é crucial para manter os seus clientes satisfeitos. Eis a razão:

O desempenho tem impacto na perceção:

Serviço lento: Imagine um restaurante onde o serviço é lento e a comida chega fria. É provável que os clientes fiquem frustrados e saiam com uma impressão negativa.

Desempenho da nuvem: Da mesma forma, tempos de carregamento lentos, indisponibilidade de aplicações ou interrupções frequentes no seu serviço baseado na nuvem podem levar à frustração e à rotatividade dos clientes.

Monitorização para uma experiência positiva:

Pessoal atencioso: Um bom restaurante tem um pessoal atencioso que antecipa as necessidades dos clientes e resolve prontamente quaisquer problemas.

Monitorização da nuvem: A monitorização proactiva do desempenho da nuvem funciona como a sua equipa atenta no mundo digital. Identifica potenciais problemas antes de estes afectarem os clientes, permitindo-lhe tomar medidas corretivas e garantir uma experiência de utilizador sem problemas.

Identificação de estrangulamentos:

Atraso na cozinha: Um restaurante pode monitorizar os tempos de espera na cozinha para identificar os pontos de estrangulamento na preparação dos alimentos, permitindo-lhes otimizar os seus processos.

Monitorização da nuvem: As ferramentas de monitorização da nuvem identificam os estrangulamentos de desempenho no seu ambiente de nuvem. São consultas de banco de dados lentas, recursos de servidor insuficientes ou congestionamento de rede? Identificar estes estrangulamentos permite-lhe otimizar a sua infraestrutura de nuvem para um melhor desempenho.

Manutenção do tempo de atividade e da disponibilidade:

Encerramento de restaurantes: O encerramento de um restaurante devido a circunstâncias imprevistas perturba os planos dos clientes e cria frustração.

Tempo de inatividade da nuvem: As interrupções ou o tempo de inatividade da nuvem podem ter um efeito perturbador semelhante nos seus clientes que dependem do seu serviço. O monitoramento garante que você seja alertado sobre possíveis problemas e possa tomar medidas para minimizar o tempo de inatividade.

Criar confiança e segurança:

Qualidade consistente: Os clientes apreciam um restaurante que oferece consistentemente comida deliciosa e um excelente serviço.

Desempenho fiável da nuvem: Ao monitorizar e otimizar de forma consistente o desempenho da sua nuvem, garante que o seu serviço é fiável e está disponível para os seus clientes, promovendo a confiança.

Tirar partido da monitorização do desempenho da nuvem para a satisfação do cliente:

1. **Implementar ferramentas de monitorização da nuvem:** Acompanhe as principais métricas, como o tempo de atividade, os tempos de resposta e a utilização de recursos.
2. **Definir limiares de desempenho:** Defina níveis de desempenho aceitáveis e receba alertas quando as métricas estiverem fora destes intervalos.
3. **Analisar dados e identificar estrangulamentos:** Investigar a causa principal dos problemas de desempenho e tomar medidas corretivas.
4. **Manutenção proactiva:** Atualizar regularmente o software e efetuar a manutenção de rotina para evitar problemas.

Ao dar prioridade à monitorização do desempenho da nuvem, pode garantir aos seus clientes um serviço sem problemas, fiável e eficiente. Isto, por sua vez, traduz-se numa maior satisfação e lealdade do cliente e, em última análise, no sucesso do negócio. Lembre-se, os clientes satisfeitos são a base de qualquer negócio próspero e, no mundo digital, o desempenho da nuvem desempenha um papel fundamental na obtenção dessa satisfação.

FEEDBACK DOS CONVIDADOS : ANÁLISE E OPTIMIZAÇÃO DA NUVEM

No mundo da hotelaria, o feedback dos hóspedes é uma mina de ouro de informação. Permite que os hotéis e restaurantes compreendam os seus pontos fortes e fracos, identifiquem áreas a melhorar e, por fim, melhorem a experiência do hóspede. Tal como a análise do feedback dos hóspedes é crucial para um restaurante de sucesso, a análise da nuvem desempenha um papel vital na otimização do seu ambiente de nuvem. Eis como a analogia se traduz:

Compreender as preferências dos hóspedes:

Feedback dos clientes: Os restaurantes analisam o feedback para compreender as preferências dos clientes relativamente à comida, ao serviço e ao ambiente. Isto ajuda-os a adaptar as suas ofertas para melhor servir a sua clientela.

Análise de nuvem: As ferramentas de análise da nuvem fornecem informações sobre a utilização de recursos, o desempenho das aplicações e o comportamento dos utilizadores no seu ambiente de nuvem. Estes dados ajudam-no a compreender como a sua infraestrutura de nuvem está a ser utilizada e a identificar áreas de otimização.

Identificação de problemas de serviço:

Comentários dos clientes: Os comentários negativos sobre um serviço lento ou tempos de espera longos podem indicar ineficiências operacionais na cozinha ou pessoal inadequado.

Análise de nuvem: Os estrangulamentos de desempenho no seu ambiente de nuvem podem manifestar-se como tempos de carregamento lentos, falhas de aplicações ou interrupções frequentes. A análise da nuvem ajuda a identificar estes problemas antes de terem um impacto significativo nos seus utilizadores.

Dar prioridade às preocupações dos hóspedes:

Feedback dos clientes: Os restaurantes podem dar prioridade à resolução de queixas frequentes sobre pratos específicos ou aspectos do serviço, com base no volume e na natureza do feedback dos clientes.

Análise de nuvem: A análise da nuvem ajuda-o a dar prioridade aos esforços de otimização, destacando os problemas críticos com maior impacto na experiência do utilizador. As consultas de bases de dados lentas estão a causar atrasos ou a capacidade insuficiente do servidor está a provocar interrupções? Concentrar-se nas áreas mais impactantes garante uma otimização eficiente.

Tomada de decisões com base em dados:

Feedback dos clientes: Confiar apenas na intuição para efetuar alterações ao menu ou ajustes no serviço pode ser arriscado. Os restaurantes aproveitam os dados de feedback dos clientes para tomar decisões informadas sobre as suas operações.

Análise da nuvem: A tomada de decisões baseada em dados é crucial para a otimização da nuvem. A análise de nuvem fornece os insights necessários para entender a alocação de recursos, identificar necessidades de escalonamento e escolher os serviços de nuvem mais adequados para suas necessidades específicas.

Otimização para uma melhor experiência:

Feedback dos clientes: As reacções positivas dos clientes motivam os restaurantes a manter os seus elevados padrões e a melhorar continuamente as suas ofertas.

Análise de nuvem: Ao otimizar o seu ambiente de nuvem com base em informações orientadas por dados da análise, pode garantir uma experiência suave, fiável e eficiente para os seus utilizadores. Isto traduz-se numa "experiência na nuvem" positiva para os seus clientes ou parceiros comerciais que dependem dos seus serviços baseados na nuvem.

Feedback dos hóspedes e análise da nuvem para otimização:

1. **Recolher e analisar o feedback dos utilizadores:** Recolha feedback através de inquéritos, bilhetes de suporte e monitorização das redes sociais.
2. **Utilizar ferramentas de análise de nuvem:** Implemente ferramentas para controlar a utilização de recursos, o desempenho das aplicações e o comportamento dos utilizadores no seu ambiente de nuvem.
3. **Combine a análise de dados com o feedback:** Correlacione o feedback dos hóspedes com as informações da análise da nuvem para identificar as áreas que precisam de ser melhoradas.

4. **Dar prioridade aos esforços de otimização:** Concentre-se em resolver os problemas mais críticos identificados através da análise combinada de dados e do feedback dos hóspedes.
5. **Medir e iterar:** Acompanhe o impacto dos esforços de otimização no desempenho da nuvem e na experiência do utilizador e aperfeiçoe continuamente a sua estratégia com base nos resultados.

Ao seguir estes passos, pode transformar o feedback dos clientes e a análise da nuvem numa força poderosa para otimizar o seu ambiente de nuvem. Isto, por sua vez, traduz-se numa experiência mais eficiente, fiável e fácil de utilizar para todos os que interagem com os seus serviços na nuvem. Lembre-se, tal como os clientes satisfeitos são a força vital de um restaurante de sucesso, um ambiente de nuvem bem optimizado é a base para proporcionar experiências excepcionais no mundo digital.

REPETIR A ACTIVIDADE: GESTÃO DOS CUSTOS DA NUVEM

No mundo dos restaurantes, a repetição de negócios é crucial para o sucesso. Os clientes que têm uma experiência gastronómica positiva têm maior probabilidade de regressar e recomendar o seu estabelecimento a outras pessoas. Da mesma forma, no mundo da computação em nuvem, a gestão de custos é essencial para garantir a sustentabilidade a longo prazo e promover a repetição de negócios com o seu fornecedor de serviços em nuvem. Eis como o conceito de "repetir negócios" se traduz na gestão de custos da nuvem:

Criar confiança e valor:

Restaurante: Um restaurante que oferece consistentemente comida deliciosa e um excelente serviço a um preço justo cria confiança e lealdade com os seus clientes, levando a visitas repetidas.

Gestão de custos na nuvem: Ao gerir eficazmente os seus custos na nuvem, optimiza os seus gastos e garante que está a obter o máximo valor do seu fornecedor de serviços na nuvem. Isto cria confiança e encoraja parcerias a longo prazo.

Compreender as necessidades dos clientes:

Restaurante: Um restaurante de sucesso compreende as necessidades e preferências dos seus clientes. Podem oferecer programas de fidelização ou atender a restrições alimentares específicas para manter os clientes sempre presentes.

Gestão de custos da nuvem: Compreender os seus padrões de utilização da nuvem e as necessidades de recursos permite-lhe escolher os modelos de preços e serviços mais rentáveis oferecidos pelo seu fornecedor de serviços na nuvem. Isto garante que não está a pagar por funcionalidades desnecessárias.

Evitar surpresas:

Restaurante: Um restaurante com preços flutuantes ou alterações surpreendentes na ementa pode dissuadir os clientes de regressar. A previsibilidade fomenta a confiança.

Gestão dos custos da nuvem: Os custos imprevistos da nuvem podem ser um grande choque. As práticas de gestão de custos da nuvem, como a previsão de custos e as instâncias reservadas, ajudam a evitar facturas inesperadas e a garantir a previsibilidade do orçamento.

Otimização para um valor a longo prazo:

Restaurante: Os restaurantes podem oferecer ofertas especiais ou promoções para incentivar a repetição de negócios e encorajar os clientes a explorar novos itens do menu.

Gerenciamento de custos da nuvem: A otimização do seu ambiente de nuvem para obter um valor a longo prazo envolve o redimensionamento de recursos, o aproveitamento de instâncias pontuais e a negociação de descontos de utilização obrigatória com o seu fornecedor de nuvem. Essas medidas maximizam o retorno sobre o investimento (ROI) da nuvem.

Benefícios de uma gestão eficaz dos custos da nuvem:

Ao adotar uma abordagem de "negócios repetidos" para a gestão dos custos da nuvem, obtém várias vantagens:

1. **Redução de custos:** Elimine gastos desnecessários com recursos de nuvem não utilizados ou subutilizados.
2. **Maior rentabilidade:** Optimize o seu orçamento para a nuvem para uma sustentabilidade financeira a longo prazo.
3. **Maior segurança na nuvem:** As práticas de gestão de custos podem ajudar a identificar e eliminar potenciais riscos de segurança associados a recursos não utilizados.
4. **Relações mais fortes com os fornecedores:** A gestão eficaz dos custos promove a confiança e pode levar a melhores negociações de preços com o seu fornecedor de serviços na nuvem.
5. **Decisões informadas sobre a nuvem:** As informações sobre os dados de custos ajudam-no a tomar decisões informadas sobre a atribuição de recursos e os futuros investimentos na nuvem.

Criar uma estratégia de nuvem sustentável:

Tal como o proprietário de um restaurante não se limita a abrir as portas e esperar pelos clientes, uma gestão eficaz dos custos da nuvem requer uma abordagem proactiva. Eis algumas práticas fundamentais:

- **Monitorizar e analisar os custos da nuvem:** Acompanhe seus gastos com a nuvem e identifique áreas para otimização.
- **Implementar estratégias de alocação de custos:** Atribua os custos da nuvem com precisão aos diferentes departamentos ou projectos da sua organização.
- **Redimensione seus recursos de nuvem:** Certifique-se de que está a utilizar a quantidade de recursos adequada às suas necessidades.
- **Utilize Instâncias Reservadas e Instâncias Spot:** Aproveite esses modelos de preços para otimizar seus gastos com a nuvem para cargas de trabalho previsíveis e variáveis.
- **Negocie com seu provedor de nuvem:** Considere a possibilidade de negociar descontos de utilização obrigatória ou planos de preços personalizados com base nos seus padrões de utilização específicos.

Ao dar prioridade à gestão dos custos da nuvem, está a cultivar uma mentalidade de "negócio repetido" com o seu fornecedor de serviços na nuvem. Isto garante que obtém o máximo valor do seu investimento na nuvem, promove a sustentabilidade a longo prazo e posiciona a sua organização para o sucesso no mundo em constante evolução da computação em nuvem. Lembre-se, um ambiente de nuvem bem gerido, tal como um restaurante bem gerido, atrai e retém clientes (ou, neste caso, utilizadores da nuvem) através de uma combinação de valor, eficiência e um compromisso de satisfação a longo prazo.

SEGURANÇA DA NUVEM

Na era digital, as empresas estão cada vez mais a migrar as suas operações para a nuvem. Essa mudança oferece inúmeras vantagens, incluindo escalabilidade, agilidade e economia. No entanto, com esta transição vem uma responsabilidade crítica - garantir a segurança dos seus valiosos dados e aplicações que residem na nuvem. A segurança na nuvem engloba um conjunto abrangente de políticas, tecnologias e controlos concebidos para salvaguardar os seus activos digitais neste ambiente virtual. Ao contrário da infraestrutura de TI tradicional no local, onde tem controlo físico total sobre os seus servidores e dados, a segurança na nuvem envolve um modelo de responsabilidade partilhada. Os fornecedores de serviços de computação em nuvem são responsáveis pela segurança da infraestrutura subjacente, enquanto as empresas são responsáveis pela segurança dos seus dados, aplicações e controlos de acesso no ambiente de computação em nuvem. Isto requer uma abordagem proactiva à segurança na nuvem, exigindo que as organizações compreendam as potenciais ameaças, implementem medidas de segurança robustas e monitorizem e adaptem continuamente as suas estratégias.

O panorama da segurança na nuvem está em constante evolução, com novas ameaças a surgirem a par dos avanços nas tecnologias de nuvem. Os agentes maliciosos estão continuamente a conceber técnicas sofisticadas para explorar vulnerabilidades e obter acesso não autorizado a dados sensíveis.

SEGURANÇA ALIMENTAR: MELHORES PRÁTICAS DE SEGURANÇA NA NUVEM

A segurança alimentar é fundamental para um restaurante de sucesso, dar prioridade à segurança na nuvem é essencial para qualquer empresa que utilize a nuvem. Eis como a analogia da segurança alimentar se traduz em melhores práticas para a segurança na nuvem:

Ingredientes frescos: Segurança de dados

Restaurante: Ingredientes frescos e de alta qualidade são cruciais para refeições deliciosas e seguras.

Segurança na nuvem: A implementação de uma encriptação de dados robusta protege as suas informações confidenciais na nuvem, tal como o armazenamento de alimentos em recipientes herméticos para evitar a deterioração. A encriptação actua como uma barreira digital, protegendo os seus dados contra o acesso não autorizado.

Armazenamento correto: Controlos de acesso

Restaurante: Os géneros alimentícios são armazenados de forma adequada para evitar a contaminação e manter a frescura.

Segurança na nuvem: A aplicação de controlos de acesso rigorosos garante que apenas os utilizadores autorizados podem aceder a dados específicos no seu ambiente de nuvem. Isto é como seguir áreas de armazenamento designadas para diferentes itens alimentares num restaurante - a carne crua não seria armazenada ao lado de vegetais para evitar a contaminação cruzada.

Controlo da temperatura: Monitorização e registo

Restaurante: A manutenção de temperaturas adequadas durante o armazenamento e a preparação dos alimentos é vital para evitar o crescimento de bactérias.

Segurança na nuvem: Monitorizar continuamente o seu ambiente de nuvem para detetar actividades suspeitas e manter registos detalhados é crucial para identificar e responder a potenciais violações de segurança. É como verificar regularmente a temperatura dos alimentos com termómetros e manter registos detalhados para garantir que tudo se mantém dentro de zonas seguras.

Limpeza e higiene: Gestão de remendos

Restaurante: Manter uma cozinha limpa e seguir práticas de higiene adequadas é essencial para evitar doenças de origem alimentar.

Segurança na nuvem: A aplicação regular de patches e a atualização de software no seu ambiente de nuvem garantem que tem as últimas correcções de segurança e minimizam as vulnerabilidades que podem ser exploradas por atacantes. É como manter o equipamento de cozinha limpo e higienizado para evitar a propagação de germes.

Controlo de pragas: Deteção de ameaças

Restaurante: A implementação de medidas de controlo de pragas como roedores e insectos protege os alimentos da contaminação.

Segurança na nuvem: A utilização de ferramentas de deteção de ameaças ajuda a identificar e atenuar potenciais ameaças à segurança antes que estas possam comprometer o seu ambiente de nuvem. Imagine estas ferramentas como armadilhas digitais para pragas, monitorizando constantemente e eliminando potenciais riscos de segurança.

Formação do pessoal: Sensibilização para a segurança

Restaurante: A formação do pessoal em matéria de protocolos de segurança alimentar garante que este manuseia corretamente os alimentos e mantém os padrões de higiene.

Segurança na nuvem: Fornecer formação de sensibilização para a segurança aos seus empregados permite-lhes identificar e evitar potenciais riscos de segurança. É como dar formação ao pessoal do seu restaurante sobre os procedimentos corretos de manuseamento de alimentos para evitar a contaminação.

Inspecções regulares: Testes de penetração

Restaurante: As inspecções sanitárias regulares garantem que os restaurantes cumprem as normas de segurança alimentar.

Segurança na nuvem: A realização de testes de penetração simula ataques do mundo real, ajudando a identificar pontos fracos na sua postura de segurança na nuvem. Os testes de penetração funcionam como uma inspeção de saúde simulada, descobrindo proactivamente quaisquer áreas onde as suas medidas de segurança possam precisar de ser melhoradas.

As vantagens das melhores práticas de segurança na nuvem

Ao adotar estas práticas recomendadas de "segurança alimentar" para a segurança da nuvem, obtém várias vantagens:

1. **Proteção de dados:** Proteja as suas informações sensíveis contra o acesso não autorizado e violações de dados.
2. **Conformidade melhorada:** Cumprir os regulamentos do sector e os requisitos de privacidade de dados.
3. **Continuidade do negócio:** Minimize as interrupções e assegure a disponibilidade das suas aplicações e dados baseados na nuvem.
4. **Risco reduzido:** Aborde proactivamente as vulnerabilidades e evite incidentes de segurança dispendiosos.
5. **Confiança do cliente:** Fomente a confiança dos seus clientes e parceiros demonstrando o seu empenho na segurança dos dados.

A segurança na nuvem não é uma solução única; é um processo contínuo. Ao dar prioridade a estas práticas recomendadas de "segurança alimentar", pode cultivar uma cultura de segurança na sua organização e garantir que o seu ambiente de nuvem está bem protegido. Lembre-se, tal como uma cozinha limpa e bem mantida é a base de um restaurante de sucesso, uma segurança robusta na nuvem é essencial para um negócio digital próspero no atual mundo orientado para a nuvem.

PROTECÇÃO CONTRA LADRÕES : GESTÃO DA IDENTIDADE E DO ACESSO

Imagine a sua identidade como a sua casa, cheia de objectos de valor que quer proteger. A Gestão de Identidade e Acesso (IAM) é como um sistema de segurança de alta tecnologia para a sua casa digital. Garante que apenas indivíduos autorizados (convidados) podem entrar em áreas específicas (recursos de acesso) e impede que visitantes indesejados (utilizadores não autorizados) tenham acesso aos seus valores (dados sensíveis).

O problema:

No mundo digital de hoje, as nossas identidades estão espalhadas por inúmeras contas e serviços em linha. Isto cria uma vasta superfície de ataque para os cibercriminosos, que actuam como ladrões digitais que tentam entrar nas nossas casas digitais para roubar informações valiosas, como dados financeiros, dados pessoais ou propriedade intelectual.

IAM: O seu sistema de segurança digital

O IAM oferece uma abordagem multi-camadas para proteger a sua identidade digital e os seus dados. Eis como funciona:

Identificação: O IAM verifica a identidade de qualquer pessoa que tente aceder aos seus recursos digitais. É como ter um sistema de entrada seguro que verifica a identificação de um visitante antes de o deixar entrar.

Autenticação: Assim que a identidade é confirmada, o IAM exige que os utilizadores provem que são quem dizem ser. Isto é como ter várias camadas de autenticação, como uma palavra-passe e uma leitura de impressões digitais, para garantir que apenas a pessoa autorizada entra.

Autorização: Mesmo após uma autenticação bem sucedida, o IAM determina o nível de acesso de um utilizador. Imagine atribuir diferentes níveis de acesso aos convidados - um amigo próximo pode ter acesso à sala de estar, enquanto um estafeta pode ter acesso apenas à porta de entrada.

Benefícios de um IAM forte:

- ✓ Redução do risco de violações de dados: O IAM dificulta significativamente o acesso de utilizadores não autorizados a informações confidenciais.
- ✓ Conformidade aprimorada: Muitas regulamentações exigem que as organizações tenham práticas robustas de IAM em vigor.
- ✓ Produtividade melhorada: A gestão de acesso simplificada poupa tempo e frustração aos utilizadores autorizados.
- ✓ Redução de custos: Um IAM forte pode ajudar a evitar violações de dados e incidentes de segurança dispendiosos.

Principais práticas de IAM:

- **Palavras-passe fortes e autenticação multifactor (MFA):** Imponha a utilização de palavras-passe complexas e implemente a MFA, que requer factores de verificação adicionais para além de uma simples palavra-passe. Imagine usar uma fechadura forte na sua porta e também ter um guarda de segurança a verificar a identidade de um hóspede antes de o deixar entrar.
- **Acesso com privilégios mínimos:** Conceder aos utilizadores o nível mínimo de acesso necessário para desempenharem as suas funções. Este princípio garante que, mesmo que um ladrão consiga entrar (acesso não autorizado), só pode aceder a uma quantidade limitada de objectos de valor (dados).
- **Revisões regulares do acesso dos utilizadores:** Reveja periodicamente os privilégios de acesso dos utilizadores para garantir que continuam a ser adequados. Pense nisto como rever e atualizar regularmente a lista de convidados da sua casa digital.

No atual panorama digital, o IAM já não é uma opção; é uma necessidade. Ao implementar práticas de IAM robustas, pode reduzir significativamente o risco de roubo de identidade, violações de dados e outras ameaças à segurança. Lembre-se, a sua identidade digital e os seus dados são activos valiosos. Tal como não deixaria a sua casa destrancada e sem vigilância, dê prioridade ao IAM para proteger a sua casa digital e manter os seus valores seguros.

CÓPIA DE SEGURANÇA E RECUPERAÇÃO DE DADOS

Imagine as fotografias e os documentos mais preciosos da sua vida guardados num único computador. A cópia de segurança e recuperação de dados é como ter um cofre seguro para as suas memórias digitais insubstituíveis, garantindo que não as perde devido a acontecimentos imprevistos.

Cópia de segurança e recuperação de dados Importante

A perda de dados pode ocorrer devido a vários motivos:

- **Falha de hardware:** Os danos físicos em dispositivos de armazenamento, como discos rígidos, podem levar à perda de dados.
- **Corrupção de software:** O mau funcionamento do software ou os ataques de vírus e malware podem corromper os seus dados.
- **Eliminação acidental:** O erro humano, como a eliminação acidental de ficheiros importantes, pode ser uma das principais causas da perda de dados.
- **Desastres naturais:** Inundações, incêndios ou outros desastres naturais podem danificar os seus dispositivos de armazenamento físico e os dados que contêm.

A cópia de segurança e a recuperação de dados oferecem uma rede de segurança crítica, criando cópias dos seus dados e armazenando-as num local separado. Isto permite-lhe restaurar os seus dados em caso de acontecimentos imprevistos.

O processo de backup e recuperação:

1. **Seleção de dados:** Identifique os dados críticos de que necessita de fazer cópias de segurança, tais como documentos, fotografias, e-mails e registos financeiros.
2. **Frequência de backup:** Determine a frequência com que necessita de efetuar cópias de segurança dos seus dados, dependendo da frequência com que estes são alterados.
3. **Destino da cópia de segurança:** Escolha um local seguro e fiável para armazenar as suas cópias de segurança, como um disco rígido externo, um serviço de armazenamento na nuvem ou uma combinação de ambos.
4. **Processo de recuperação:** Estabeleça um procedimento claro para restaurar os seus dados em caso de emergência.

Tipos de cópias de segurança de dados:

- **Cópias de segurança completas:** Criam uma cópia completa de todos os seus dados num determinado momento.
- **Backups incrementais:** Faz o backup apenas dos ficheiros que foram alterados desde o último backup.

- **Backups diferenciais:** Faz o backup de todos os ficheiros que foram alterados desde o último backup completo.

Benefícios da cópia de segurança e recuperação de dados:

- ✓ **Paz de espírito:** Saber que os seus dados estão protegidos proporciona paz de espírito e reduz o stress.
- ✓ **Recuperação de desastres:** Permite a recuperação rápida de eventos de perda de dados, minimizando o tempo de inatividade e garantindo a continuidade do negócio.
- ✓ **Segurança melhorada:** As cópias de segurança oferecem uma camada extra de proteção contra ataques de ransomware, uma vez que pode restaurar os seus dados sem pagar as exigências do atacante.
- ✓ **Conformidade:** Alguns sectores têm regulamentos que exigem que as organizações mantenham cópias de segurança dos seus dados.

Melhores práticas de backup e recuperação de dados:

Siga a regra 3-2-1: Mantenha pelo menos 3 cópias dos seus dados, em 2 suportes de armazenamento diferentes, com 1 cópia armazenada fora do local.

Teste regularmente as suas cópias de segurança: Certifique-se de que as suas cópias de segurança são funcionais e podem ser restauradas com êxito.

Proteja os seus backups: Encripte as suas cópias de segurança para adicionar uma camada extra de proteção.

A cópia de segurança e recuperação de dados é uma prática essencial para quem valoriza a sua informação digital. Ao implementar uma estratégia robusta de cópia de segurança e recuperação, pode salvaguardar as suas memórias preciosas e garantir que os seus dados comerciais ou pessoais estão sempre protegidos. Lembre-se, a perda de dados pode ser devastadora, mas com uma solução de cópia de segurança e recuperação bem planeada, pode evitar desastres e garantir que a sua vida digital permanece segura.

ESCALONAMENTO DA NUVEM

O escalonamento da nuvem é um conceito fundamental na computação em nuvem que permite que as empresas ajustem dinamicamente a alocação de recursos com base nas demandas em constante mudança. Ao contrário da infraestrutura de TI tradicional no local, em que os recursos são estáticos e frequentemente subutilizados ou sobrecarregados, a nuvem oferece elasticidade. Esta elasticidade permite-lhe aumentar ou diminuir os seus recursos, da mesma forma que pode ajustar o tamanho da sua equipa ou equipamento, dependendo dos requisitos do projeto. Existem dois tipos principais de escalonamento da nuvem: escalonamento vertical (também conhecido como escalonamento para cima ou para baixo) e escalonamento horizontal (também conhecido como escalonamento para dentro ou para fora). O dimensionamento vertical envolve a modificação do poder de processamento, da memória ou da capacidade de armazenamento de um servidor em nuvem existente. Imagine adicionar mais núcleos a uma CPU ou aumentar a RAM do seu computador para melhorar o desempenho. O dimensionamento horizontal, por outro lado, envolve adicionar ou remover servidores inteiros do seu ambiente de nuvem. É como contratar mais membros da equipa ou alugar mais espaço de escritório para acomodar uma carga de trabalho crescente. Ao utilizar eficazmente o dimensionamento da nuvem, as empresas podem obter várias vantagens. Podem otimizar os custos pagando apenas pelos recursos que utilizam, garantir o desempenho e a disponibilidade das aplicações durante picos de tráfego e promover a agilidade para se adaptarem à evolução das necessidades empresariais. O escalonamento da nuvem é um divisor de águas para empresas de todos os tamanhos, permitindo que elas aproveitem o poder da nuvem sem serem confinadas pelas limitações da infraestrutura fixa.

DIMENSIONAMENTO DOS RECURSOS DA NUVEM

Imagine a sua empresa a florescer - novos clientes, aumento das vendas e oportunidades interessantes no horizonte. Mas será que a sua infraestrutura atual consegue acompanhar o ritmo? É aqui que entra o escalonamento da nuvem, actuando como o fertilizante que ajuda a sua empresa a florescer no cenário digital. Tal como não plantaria um jardim extenso num vaso minúsculo, o dimensionamento da cloud permite-lhe ajustar dinamicamente os recursos da cloud para acomodar as necessidades crescentes da sua empresa.

Porquê escalar na nuvem?

Custo-eficácia: Pague apenas pelos recursos que utilizar. Com o escalonamento na nuvem, você não fica preso a um hardware subutilizado ou lutando com servidores sobrecarregados. Pode aumentar a escala durante os períodos de pico de procura e diminuir durante os períodos mais lentos, optimizando os seus gastos.

Desempenho melhorado: Garanta uma experiência de utilizador tranquila para os seus clientes. Ao aumentar os recursos quando necessário, pode evitar abrandamentos ou falhas de aplicações durante picos de tráfego. Imagine ter pessoal suficiente à disposição para lidar com um dia de vendas atarefado - o escalonamento da nuvem garante que os seus recursos podem lidar com o aumento da procura dos clientes.

Agilidade melhorada: Adapte-se rapidamente às mudanças nas condições do mercado. O dimensionamento da nuvem permite-lhe adicionar facilmente novos recursos ou ajustar os existentes à medida que o seu negócio evolui. Esta agilidade é como ter uma equipa que pode rapidamente mudar e assumir novos projectos à medida que as oportunidades surgem.

Escalabilidade a pedido: Sem investimento inicial em hardware. A nuvem elimina a necessidade de investimentos iniciais dispendiosos em hardware que pode tornar-se obsoleto rapidamente. O dimensionamento da nuvem permite-lhe aceder aos recursos conforme necessário, eliminando o risco de excesso ou falta de aprovisionamento.

Estratégias de expansão para o crescimento:

Escalonamento vertical (aumento de escala): Aumente o poder de processamento, a memória ou a capacidade de armazenamento dos seus servidores em nuvem existentes. Pense nisso como dar aos seus melhores funcionários do departamento de TI ferramentas mais poderosas para trabalhar.

Dimensionamento horizontal (Scale Out): Adicione mais servidores virtuais ao seu ambiente de nuvem para distribuir a carga de trabalho. Imagine expandir a sua equipa, trazendo especialistas adicionais para lidar com tarefas específicas.

Escalonamento automático: Tire partido das ferramentas de automatização que ajustam automaticamente os recursos com base em factores predefinidos, como a utilização da CPU ou o número de utilizadores activos. Isto é como ter um sistema de irrigação inteligente que rega as suas plantas com base em dados de sensores em tempo real.

Escalonamento para o sucesso: Uma abordagem proactiva

Monitorizar e analisar a utilização: Acompanhe o consumo de recursos da sua nuvem para identificar padrões de utilização e potenciais estrangulamentos. Os controlos regulares são cruciais para qualquer empresa em crescimento!

Planear o crescimento futuro: Antecipe as necessidades futuras da empresa e dimensione proactivamente os seus recursos para evitar interrupções durante os surtos de crescimento. Pense nisso como ter um plano de negócios que descreva as necessidades futuras de pessoal e recursos.

Escolha o fornecedor de serviços em nuvem certo: Selecione um fornecedor de serviços na nuvem que ofereça opções de escalonamento flexíveis e uma variedade de tipos de recursos para satisfazer as suas necessidades específicas. Tal como escolher o solo e o fertilizante certos para as suas plantas, escolha um fornecedor de serviços em nuvem que ofereça os recursos mais adequados para o crescimento do seu negócio.

O dimensionamento da cloud permite que as empresas se libertem dos constrangimentos de uma infraestrutura fixa. Ao adotar uma abordagem proactiva ao dimensionamento da nuvem, pode garantir que o seu ambiente digital cresce e se adapta ao seu negócio. Lembre-se, as empresas de sucesso estão em constante evolução. O dimensionamento da cloud fornece a flexibilidade e a agilidade necessárias para garantir que a sua base digital acompanha o ritmo das suas ambições, permitindo-lhe concentrar-se no desenvolvimento do seu negócio e no cultivo do sucesso.

ESCALONAMENTO AUTOMÁTICO

A loja online contrata automaticamente mais pessoal (adicionando recursos) durante o pico de vendas das férias e reduz o pessoal durante os períodos mais lentos. Esta é a magia do escalonamento automático na computação em nuvem - elimina o esforço manual da atribuição de recursos, permitindo que o seu ambiente de nuvem se ajuste por si próprio, tal como um carro autónomo a navegar no trânsito.

Porquê utilizar a escala automática?

Eficiência sem esforço: O escalonamento automático automatiza o processo de escalonamento dos recursos da nuvem para cima ou para baixo com base em métricas predefinidas. Isto liberta-o da monitorização constante e do ajuste manual dos recursos, permitindo-lhe concentrar-se noutras tarefas estratégicas.

Otimização de custos: Ao reduzir automaticamente a escala durante períodos de baixa procura, evita pagar por recursos não utilizados. Por outro lado, o escalonamento automático garante que tem recursos suficientes para lidar com picos de tráfego, evitando problemas de desempenho e potenciais perdas de receitas.

Desempenho melhorado da aplicação: O dimensionamento automático evita abrandamentos ou falhas nas aplicações, adicionando automaticamente recursos quando a procura aumenta. Isto traduz-se numa experiência de utilizador suave e sem falhas para os seus clientes, tal como ter pessoal suficiente disponível para garantir um serviço eficiente durante os períodos de maior movimento.

Escalabilidade aprimorada: O escalonamento automático permite que seu ambiente de nuvem se adapte a padrões de tráfego imprevisíveis. Quer tenha picos repentinos ou um crescimento gradual, o dimensionamento automático garante que tem os recursos necessários para manter um desempenho ótimo.

Trabalho de escala automática

1. **Definir políticas de dimensionamento:** Define as regras para o escalonamento automático especificando métricas como a utilização da CPU, o consumo de memória ou o número de utilizadores activos. Estas métricas funcionam como sinais de trânsito para o seu carro de dimensionamento automático.
2. **Monitorização e accionadores:** A plataforma de nuvem monitoriza continuamente as suas métricas escolhidas. Quando um limite predefinido é atingido (como um engarrafamento à frente), o escalonamento automático é acionado.
3. **Ações de dimensionamento automático:** Com base na política definida (adição ou remoção de recursos), a plataforma de nuvem aumenta ou diminui automaticamente os seus recursos. É como se o seu carro de escalonamento automático adicionasse mais faixas à rodovia durante o congestionamento ou mudasse para uma rota menor durante o tráfego mais leve.

Vantagens do escalonamento automático:

- ✓ **Redução das despesas gerais de gestão:** Automatiza a atribuição de recursos, libertando a sua equipa de TI para se concentrar noutras prioridades.
- ✓ **Controlo de custos melhorado:** Paga apenas pelos recursos que utiliza, optimizando os seus gastos com a nuvem.
- ✓ **Disponibilidade aprimorada de aplicativos:** Garante que os aplicativos permaneçam responsivos e disponíveis mesmo durante picos de tráfego.
- ✓ **Maior agilidade comercial:** Permite que seu ambiente de nuvem se adapte perfeitamente às necessidades comerciais em constante mudança.

Práticas recomendadas de dimensionamento automático:

- **Comece com simplicidade:** Comece com políticas básicas de escalonamento automático baseadas numa única métrica. À medida que ganha experiência, pode criar políticas mais complexas com vários accionadores.

- **Testes minuciosos:** Teste as políticas de dimensionamento automático num ambiente de não produção antes de as implementar para garantir que funcionam como esperado.
- **Monitorar e refinar:** Monitorize continuamente o desempenho do dimensionamento automático e ajuste as políticas conforme necessário para otimizar a utilização dos recursos e o desempenho das aplicações.

O dimensionamento automático é uma ferramenta poderosa que pode transformar a sua experiência na nuvem. Ao automatizar a atribuição de recursos, ganha eficiência, poupança de custos e melhor desempenho das aplicações. Tal como o piloto automático lhe permite concentrar-se em desfrutar da viagem num carro autónomo, o dimensionamento automático permite-lhe concentrar-se no crescimento do seu negócio, enquanto o seu ambiente de nuvem é perfeitamente dimensionado para satisfazer as suas necessidades.

EVITAR O EXCESSO DE STOCK: OPTIMIZAÇÃO DOS CUSTOS DA NUVEM

O armazém está a transbordar de inventário não vendido (recursos não utilizados), o que está a prejudicar os seus lucros. A otimização dos custos da nuvem é como o sistema de gestão de inventário inteligente para o seu armazém digital (ambiente de nuvem). Ajuda-o a evitar o excesso de stock de recursos na nuvem, garantindo que paga apenas pelo que realmente utiliza.

Importância da otimização dos custos da nuvem

Custos ocultos: Os serviços em nuvem podem ser enganosamente baratos à primeira vista. O uso não gerenciado da nuvem pode levar a contas surpreendentes com custos ocultos, como recursos ociosos e serviços subutilizados.

Recursos desperdiçados: Muitas empresas pagam inconscientemente por recursos que não utilizam na totalidade, o que leva ao desperdício de despesas. Isto é como ter um armazém cheio de artigos sazonais de que só precisa durante alguns meses por ano.

Inovação sufocada: As despesas desnecessárias com a nuvem podem limitar o seu orçamento para explorar novas tecnologias e soluções inovadoras na nuvem. Isto pode restringir a sua capacidade de se adaptar e competir no cenário digital em constante evolução.

Estratégias para a otimização dos custos da nuvem:

Redimensionamento de recursos: Escolha o tipo de recurso de nuvem mais adequado (por exemplo, tamanho da máquina virtual) com base nos requisitos reais da carga de trabalho. Isso é como selecionar os contêineres de armazenamento ideais para o seu inventário, garantindo que eles não sejam muito grandes ou muito pequenos.

Instâncias reservadas: Comprometa-se a comprar recursos da nuvem para um período de tempo específico a uma taxa com desconto se a sua utilização for previsível. Pense nisto como negociar descontos em massa com os seus fornecedores para itens de inventário frequentemente utilizados.

Instâncias Spot: Utilize a capacidade de nuvem não utilizada oferecida a preços significativamente mais baixos, mas esteja preparado para possíveis interrupções. Isto é como tirar partido de vendas sazonais ou eventos de liquidação para obter bons negócios no inventário, mas sabendo que a disponibilidade desses itens pode ser limitada.

Desligamento automatizado: Programe recursos não críticos para se desligarem automaticamente durante as horas de menor consumo. Imagine fechar secções do seu armazém durante os períodos de menor atividade para poupar nos custos de eletricidade.

Monitoramento e relatórios de custos: Aproveite as ferramentas do fornecedor de serviços de nuvem para obter informações sobre os seus gastos com a nuvem e identificar áreas de otimização. As verificações regulares do inventário são cruciais para qualquer empresa - a monitorização dos custos da nuvem permite-lhe identificar recursos subutilizados ou desnecessários no seu ambiente de nuvem.

Ferramentas de gestão de custos na nuvem: Utilize ferramentas especializadas que forneçam análises de custos detalhadas, deteção de anomalias e recomendações de otimização automatizadas. Imagine ter um software de gestão de inventário sofisticado que rastreia padrões de utilização, identifica itens de movimento lento e sugere formas de otimizar os seus níveis de stock.

Benefícios da otimização dos custos da nuvem:

- ✓ **Redução dos gastos com a nuvem:** Pague apenas pelos recursos que utiliza, o que resulta numa poupança significativa de custos.
- ✓ **Melhoria da rentabilidade:** Liberte recursos para investir noutras áreas da sua empresa e aumente os seus resultados.
- ✓ **Eficiência aprimorada:** Optimize a atribuição de recursos e garanta que está a tirar o máximo partido do seu investimento na nuvem.
- ✓ **Maior agilidade:** Liberte o orçamento para explorar novas soluções de nuvem e experimentar tecnologias inovadoras.

A otimização dos custos da nuvem não é uma solução única; é um processo contínuo. Ao adotar estas estratégias e monitorizar os seus hábitos de despesa na nuvem, pode garantir que o seu ambiente de nuvem é simples e eficiente.

Lembre-se, um ambiente de nuvem bem gerido é como um armazém bem abastecido - tem os recursos de que precisa para prosperar, sem o peso de custos desnecessários. Isto permite-lhe concentrar-se no crescimento do seu negócio e na concretização dos seus objectivos estratégicos.

EXPLORAÇÃO DE NUVENS

O cenário da computação em nuvem é vasto e está em constante evolução, oferecendo uma infinidade de benefícios para empresas de todos os tamanhos. Funciona como um buffet digital, repleto de recursos a pedido, armazenamento escalável e aplicações poderosas. Ao contrário da infraestrutura de TI tradicional no local, a nuvem elimina a necessidade de investimentos iniciais em hardware e de manutenção complexa. Isto traduz-se em custos mais baixos e maior agilidade, permitindo que as empresas se adaptem facilmente às necessidades em constante mudança.

A exploração da nuvem abre portas a um mundo de possibilidades. Desde a implementação de ferramentas de inteligência artificial de ponta até à utilização da computação sem servidor para a execução eficiente de tarefas, a cloud permite às empresas inovar e obter uma vantagem competitiva. Além disso, funcionalidades de segurança robustas e soluções de recuperação de desastres garantem que os seus dados valiosos permanecem protegidos. Quer seja uma empresa em fase de arranque ou uma empresa bem estabelecida, embarcar numa viagem de exploração da nuvem pode desbloquear um tesouro de potencial, abrindo caminho para um futuro digital mais eficiente, escalável e seguro.

COMPREENDER OS BENEFÍCIOS DA NUVEM

A computação em nuvem oferece uma abundância semelhante de benefícios para empresas de todas as dimensões. Ao migrar para a nuvem, obtém acesso a uma grande variedade de recursos e capacidades que podem transformar as suas operações e capacitar a sua organização para o sucesso. Vamos analisar as principais vantagens que a computação em nuvem oferece:

Agilidade e escalabilidade aprimoradas: A nuvem elimina as limitações da infraestrutura fixa. Pode aumentar ou diminuir dinamicamente os recursos a pedido, adaptando-se às cargas de trabalho flutuantes e às necessidades comerciais. Esta agilidade é como ter uma equipa que pode ajustar rapidamente o seu tamanho e conjunto de competências com base nos requisitos do projeto.

Custos reduzidos: A computação em nuvem oferece um modelo de pagamento conforme o uso, eliminando o investimento inicial necessário para a infraestrutura de TI tradicional no local. Só paga pelos recursos que utiliza, optimizando as suas despesas e libertando capital para outros investimentos estratégicos. Pense nisto como comprar produtos frescos apenas quando precisar deles, em vez de ter uma grande e dispendiosa horta no local para manter.

Acessibilidade e colaboração melhoradas: As aplicações e os dados baseados na nuvem estão acessíveis a partir de qualquer lugar com uma ligação à Internet. Isto promove oportunidades de trabalho remoto, melhora a colaboração entre equipas e locais e permite um ambiente de trabalho mais flexível. Imagine uma equipa capaz de aceder e trabalhar nos mesmos documentos em simultâneo, independentemente da sua localização física.

Maior segurança e fiabilidade: Os provedores de nuvem investem pesadamente em medidas de segurança robustas e soluções de recuperação de desastres. Os seus dados residem em centros de dados seguros, protegidos contra ameaças físicas e ciberataques. Além disso, os serviços em nuvem oferecem alta disponibilidade, garantindo o mínimo de tempo de inatividade e continuidade dos negócios. Isto traduz-se em paz de espírito, sabendo que os seus dados valiosos estão salvaguardados e que as suas aplicações estão sempre acessíveis.

Atualizações e manutenção automáticas: Os fornecedores de serviços na nuvem tratam das actualizações de software e da manutenção da infraestrutura, libertando a sua equipa de TI para se concentrar em iniciativas mais estratégicas. Imagine nunca mais ter de se preocupar em aplicar patches e atualizar manualmente o software do seu computador - a nuvem trata disso por si.

Acesso a tecnologias de ponta: A computação em nuvem fornece acesso a uma vasta gama de tecnologias inovadoras, incluindo inteligência artificial, aprendizagem automática e análise de grandes volumes de dados. Estas ferramentas podem ser aproveitadas para obter informações valiosas, automatizar tarefas e impulsionar o crescimento do negócio. É como ter acesso às mais recentes ferramentas e técnicas agrícolas para maximizar a sua colheita e manter-se à frente da curva.

A compreensão destes benefícios permite-lhe tomar decisões informadas sobre a adoção da nuvem. Ao considerar cuidadosamente as suas necessidades comerciais específicas e ao selecionar os serviços de nuvem adequados, pode desbloquear todo o potencial da nuvem e cultivar um cenário digital próspero para a sua organização. Lembre-se, a nuvem não é apenas uma maravilha tecnológica; é uma ferramenta estratégica que pode ajudá-lo a atingir os seus objectivos comerciais e a obter uma vantagem competitiva no mercado dinâmico atual.

ESTRATÉGIAS DE ADOPÇÃO DA NUVEM

A transição da sua empresa para a nuvem é uma viagem emocionante, mas navegar no vasto panorama pode parecer assustador. Aqui, vamos explorar várias estratégias de adoção da nuvem para o ajudar a traçar um rumo para uma migração para a nuvem bem sucedida:

1. Defina os seus objectivos e necessidades:

Objectivos comerciais: Articule claramente os seus objectivos comerciais para a adoção da nuvem. Está à procura de redução de custos, melhor escalabilidade ou acesso a novas tecnologias? Saber o seu "porquê" é crucial para tomar decisões informadas.

Avaliação da carga de trabalho: Avalie a sua atual infraestrutura de TI e as cargas de trabalho. Nem todos os aplicativos são candidatos ideais para a nuvem. Identifique as cargas de trabalho que mais se beneficiarão da migração para a nuvem.

2. Escolha o modelo de nuvem correto:

Modelos de implementação: Selecione o modelo de implementação que se alinha com os seus requisitos de segurança e controlo. A nuvem pública oferece a maior flexibilidade e escalabilidade, enquanto a nuvem privada fornece um ambiente dedicado para dados confidenciais. A nuvem híbrida combina ambos para uma solução personalizada.

Modelos de serviço: Escolha o modelo de serviço que melhor se adapta às suas necessidades. A Infraestrutura como Serviço (IaaS) oferece controlo total sobre as máquinas virtuais, a Plataforma como Serviço (PaaS) fornece uma plataforma para o desenvolvimento de aplicações e o Software como Serviço (SaaS) fornece aplicações prontas a utilizar.

3. Desenvolver um plano de migração:

Abordagem faseada: Considere uma abordagem de migração faseada, começando com cargas de trabalho não críticas e passando gradualmente para aplicações mais complexas. Isto minimiza as perturbações e permite-lhe aprender e adaptar-se ao longo do processo.

Otimização de custos: Considere os custos do serviço de nuvem e as possíveis economias. Utilize ferramentas e estratégias como instâncias reservadas ou instâncias pontuais para otimizar os seus gastos com a nuvem.

4. Segurança e conformidade:

Segurança dos dados: Dê prioridade à segurança dos dados, implementando controlos de acesso e medidas de encriptação robustos. Certifique-se de que o fornecedor de serviços na nuvem escolhido cumpre as normas relevantes do sector e as normas de conformidade.

Recuperação de desastres: Estabeleça um plano abrangente de recuperação de desastres para garantir a continuidade do negócio em caso de eventos imprevistos. Utilize soluções de backup e recuperação baseadas na nuvem para maior proteção.

5. Gestão da mudança e formação:

Adesão dos funcionários: Promova a adesão dos funcionários comunicando os benefícios da adoção da nuvem e fornecendo formação adequada sobre as novas ferramentas e processos baseados na nuvem. Uma força de trabalho bem informada e preparada é essencial para uma transição suave.

6. Monitorização e otimização contínuas:

Monitoramento de desempenho: Monitorize continuamente o seu ambiente de nuvem para identificar potenciais estrangulamentos e otimizar a utilização de recursos. As plataformas de nuvem oferecem ferramentas para análise detalhada do desempenho.

Gestão de custos: Reveja regularmente as suas despesas com a nuvem e identifique áreas para uma maior otimização dos custos. Utilize ferramentas de gestão de custos da nuvem para monitorização e recomendações automatizadas.

Ao seguir estas estratégias de adoção da nuvem, pode embarcar numa viagem de migração para a nuvem bem sucedida. Lembre-se, a adoção da nuvem não é um evento único; é um processo contínuo. O monitoramento, a otimização e a adaptação contínuos garantirão que seu ambiente de nuvem permaneça alinhado às suas necessidades comerciais em evolução. Com uma estratégia bem definida e um foco nestas considerações-chave, pode aproveitar o poder transformador da nuvem e impulsionar o seu negócio para um futuro digital próspero.

AVALIAÇÃO DO ESTADO DE CONSERVAÇÃO DA NUVEM

Imagine que está a planear uma viagem a um novo país. Antes de fazer as malas e reservar os voos, é provável que avalie a sua preparação - verificando os requisitos de visto, pesquisando os costumes locais e aprendendo frases básicas. Uma avaliação da preparação para a nuvem tem uma finalidade semelhante para as empresas que estão a considerar a adoção da nuvem. Trata-se de um processo de avaliação abrangente que ajuda a determinar o grau de preparação da sua organização para migrar para a nuvem.

Realizar uma avaliação da preparação para a nuvem

- **Identificar pontos fortes e fracos:** Descubra as áreas em que a sua atual infraestrutura de TI é eficiente e destaque os potenciais desafios que podem surgir durante a migração para a nuvem.

- **Definir estratégia de migração:** Os resultados da avaliação fornecem um roteiro para o desenvolvimento de uma estratégia de adoção da nuvem personalizada que considera as suas necessidades e limitações específicas.
- **Minimizar riscos e interrupções:** Ao identificar proactivamente potenciais bloqueios, pode reduzir os riscos e minimizar as interrupções nas suas operações comerciais durante o processo de migração.
- **Otimização de custos:** Uma avaliação completa ajuda-o a otimizar os seus gastos com a nuvem, identificando cargas de trabalho que são adequadas para a nuvem e identificando áreas onde existem oportunidades de redução de custos.
- **Postura de segurança aprimorada:** O processo de avaliação ajuda a avaliar as suas práticas de segurança actuais e assegura uma transição segura para o ambiente de nuvem.

Principais áreas abrangidas por uma avaliação de preparação para a nuvem:

Objectivos empresariais: Compreender os seus objectivos comerciais para a adoção da nuvem é crucial para adaptar a estratégia de migração e medir o sucesso.

Avaliação da infraestrutura de TI: Avaliar a sua atual infraestrutura de TI, incluindo hardware, software, aplicações e armazenamento de dados. Identifique as cargas de trabalho que são mais adequadas para a migração para a nuvem.

Segurança e conformidade: Analise suas políticas de segurança e requisitos de conformidade para garantir uma transição tranquila para um ambiente de nuvem seguro.

Conectividade de rede: Avalie a largura de banda e a conetividade da sua rede para determinar se esta consegue lidar com as exigências das aplicações baseadas na nuvem e da transferência de dados.

Pessoas e competências: Avalie as competências e os conhecimentos da sua equipa de TI para identificar quaisquer necessidades de formação antes de migrar para a nuvem.

Benefícios da realização de uma avaliação da preparação para a nuvem:

- ✓ **Tomada de decisões informada:** A avaliação fornece informações valiosas para o ajudar a tomar decisões informadas sobre a adoção da nuvem, garantindo uma migração tranquila e bem sucedida.
- ✓ **Riscos reduzidos:** Ao identificar proactivamente os potenciais desafios, pode reduzir os riscos e minimizar as perturbações nas suas operações comerciais.
- ✓ **Melhoria do ROI da nuvem:** Uma estratégia de adoção da nuvem bem definida garante que aproveita as capacidades da nuvem de forma eficaz, maximizando o seu retorno do investimento.
- ✓ **Agilidade e escalabilidade aprimoradas:** A avaliação da preparação para a nuvem ajuda-o a estabelecer as bases para uma infraestrutura de TI mais ágil e escalável para suportar o crescimento futuro do negócio.

A realização de uma avaliação da preparação para a nuvem é um primeiro passo essencial para uma jornada de migração para a nuvem bem-sucedida. Ao investir nesta avaliação, obtém informações valiosas que lhe permitem tomar decisões informadas, minimizar os riscos e desbloquear todo o potencial da nuvem para a sua organização. Lembre-se de que um viajante bem preparado faz uma viagem mais tranquila, e o mesmo princípio se aplica à adoção da nuvem. Com uma avaliação completa da preparação para a nuvem, pode embarcar com confiança na sua aventura de migração para a nuvem e navegar em direção a um futuro digital próspero.

MIGRAÇÃO PARA A NUVEM

A migração para a nuvem é o processo de mover os seus dados, aplicações e recursos de TI de servidores locais para um ambiente de nuvem. Imagine transferir as suas operações comerciais de um escritório físico para um espaço de trabalho virtual na nuvem. Esta transição oferece várias vantagens, incluindo maior escalabilidade e agilidade - pode facilmente ajustar os seus recursos para cima ou para baixo, conforme necessário. Além disso, a migração para a nuvem pode levar a poupanças de custos, uma vez que só paga pelos recursos que utiliza, eliminando a necessidade de investimentos iniciais em hardware e de manutenção contínua. No entanto, a migração para a nuvem requer um planeamento e execução cuidadosos. Uma avaliação da preparação para a nuvem pode ajudá-lo a avaliar a preparação da sua organização e a desenvolver uma estratégia de migração personalizada. Seguindo um plano bem definido e considerando factores como a segurança e a conetividade de rede, pode garantir uma transição suave e bem sucedida para a nuvem, abrindo caminho para um futuro digital mais eficiente e escalável para a sua empresa.

PLANEAMENTO DA MIGRAÇÃO PARA A NUVEM

Migrar a sua empresa para a nuvem é como lançar um foguetão - excitante, potencialmente transformador, mas que requer um planeamento e execução cuidadosos. Um plano de migração para a nuvem bem definido actua como a sua plataforma de lançamento, garantindo uma viagem tranquila e bem sucedida para a nuvem. Aqui está uma descrição das principais etapas envolvidas no planeamento da migração para a nuvem:

Defina os seus objectivos e necessidades:

Articule claramente os seus objectivos para a adoção da nuvem. Está à procura de redução de custos, escalabilidade melhorada ou acesso a tecnologias inovadoras baseadas na nuvem? Ter uma compreensão clara do seu "porquê" ajuda-o a dar prioridade às tarefas e a tomar decisões informadas ao longo do processo de migração.

Avalie a sua atual infraestrutura de TI e as suas aplicações. Nem todas as aplicações são candidatas ideais para a nuvem. Identifique as cargas de trabalho que mais beneficiarão com a migração, considerando factores como os requisitos de segurança, as necessidades de processamento e a complexidade da integração.

Escolha sua estratégia de nuvem:

Selecione o modelo de implementação da nuvem que se alinha com os seus requisitos de segurança e controlo. A nuvem pública oferece a maior flexibilidade e escalabilidade, enquanto a nuvem privada fornece um ambiente dedicado para dados confidenciais. A nuvem híbrida combina ambos para uma solução personalizada.

Decida qual o modelo de serviço que melhor se adapta às suas necessidades. A Infraestrutura como um Serviço (IaaS) oferece controlo total sobre as máquinas virtuais, a Plataforma como um Serviço (PaaS) fornece uma plataforma para o desenvolvimento de aplicações e o Software como um Serviço (SaaS) fornece aplicações prontas a utilizar.

Desenvolver um plano de migração:

Considere uma abordagem de migração faseada, começando com cargas de trabalho não críticas e passando gradualmente para aplicações mais complexas. Isto minimiza as perturbações e permite-lhe aprender e adaptar-se ao longo do processo. Imagine testar o motor do seu foguetão antes do lançamento!

Considere os custos do serviço de nuvem e as possíveis economias. Utilize ferramentas e estratégias como instâncias reservadas ou instâncias pontuais para otimizar os seus gastos com a nuvem durante e após a migração.

Segurança e conformidade:

Dê prioridade à segurança dos dados, implementando controlos de acesso robustos e medidas de encriptação durante o processo de migração. Certifique-se de que o fornecedor de serviços de computação em nuvem escolhido cumpre as normas relevantes do sector e as normas de conformidade. A segurança dos dados é fundamental, tal como garantir a integridade estrutural do seu foguetão!

Estabeleça um plano abrangente de recuperação de desastres para garantir a continuidade do negócio em caso de eventos imprevistos. Utilize soluções de cópia de segurança e recuperação baseadas na nuvem para maior proteção. Ter um plano de backup em vigor, em caso de problemas inesperados durante o lançamento.

Gestão da mudança e formação:

Promova a adesão dos funcionários, comunicando os benefícios da adoção da nuvem e fornecendo formação adequada sobre as novas ferramentas e processos baseados na nuvem. Uma força de trabalho bem informada e preparada é essencial para uma descolagem suave.

Identifique eventuais lacunas de competências na sua equipa de TI e ofereça oportunidades de formação para garantir que possuem os conhecimentos necessários para gerir eficazmente o ambiente de nuvem. Forme a sua equipa para operar os novos controlos de lançamento!

Monitorização e otimização contínuas:

Monitorize continuamente o seu ambiente de nuvem após a migração para identificar potenciais estrangulamentos e otimizar a utilização de recursos. As plataformas de nuvem oferecem ferramentas para uma análise detalhada do desempenho. Acompanhe a trajetória do seu foguetão e faça os ajustes necessários para uma viagem bem sucedida.

Reveja regularmente as suas despesas com a nuvem e identifique áreas para uma maior otimização dos custos. Utilize ferramentas de gestão de custos da nuvem para monitorização e recomendações automatizadas. Certifique-se de que está a utilizar o combustível de forma eficiente durante a sua viagem na nuvem.

Desenvolva um plano abrangente de migração para a nuvem que coloque a sua organização no caminho certo para um lançamento bem-sucedido na nuvem. Lembre-se, o planeamento é crucial para uma migração suave e segura. Com um plano bem definido, pode aproveitar o poder transformador da nuvem e impulsionar a sua empresa para um futuro digital próspero.

FERRAMENTAS E TÉCNICAS DE MIGRAÇÃO PARA A NUVEM

Exploração das ferramentas e técnicas essenciais que equiparão a sua equipa para uma migração para a nuvem bem sucedida:

Ferramentas de migração para a nuvem:

Ferramentas de avaliação: As ferramentas de avaliação da preparação para a nuvem ajudam a avaliar a sua atual infraestrutura de TI e a identificar as cargas de trabalho mais adequadas para a nuvem. Estas ferramentas funcionam como uma bússola, orientando-o para um caminho de migração suave.

Ferramentas de migração de dados: Estas ferramentas facilitam a transferência segura e eficiente dos seus dados para o ambiente de nuvem. Imagine ter caixas de embalagem especializadas para garantir que os seus dados chegam em segurança à sua nova casa.

Plataformas de gerenciamento de nuvem (CMPs): As CMPs fornecem um console centralizado para gerenciar e monitorar seus recursos de nuvem. Pense nelas como a ponte do capitão, oferecendo uma visão abrangente da migração para a nuvem e das operações em andamento.

Ferramentas de segurança na nuvem: As ferramentas de segurança na nuvem ajudam a proteger os seus dados e aplicações durante e após a migração. Estas ferramentas são os seus coletes salva-vidas, garantindo a segurança dos seus activos valiosos durante todo o percurso.

Técnicas de migração para a nuvem:

Lift and Shift: Esta abordagem mais simples envolve a migração de aplicativos e dados existentes "como estão" para a nuvem. É uma maneira rápida de mudar para a nuvem, mas pode não aproveitar todo o potencial dos recursos da nuvem. Imagine transportar todo o seu mobiliário de escritório diretamente para a nova localização, sem considerar potenciais optimizações de espaço.

Refatoração/Replataforma: Essa técnica envolve a otimização de aplicativos para se beneficiar de recursos nativos da nuvem, como escalabilidade e elasticidade. Pense em renovar o mobiliário do seu escritório para se adaptar melhor à nova disposição do espaço de trabalho.

Nuvem híbrida: Esta abordagem combina a infraestrutura no local com a nuvem, oferecendo uma solução flexível para cargas de trabalho com requisitos específicos de segurança ou conformidade. Imagine ter um modelo de trabalho híbrido, com alguns funcionários a trabalhar remotamente (nuvem) e outros a trabalhar a partir do escritório (no local).

Desenvolvimento nativo da nuvem: Esta abordagem envolve a criação de aplicações especificamente para o ambiente da nuvem, tirando partido das suas caraterísticas e funcionalidades únicas desde o início. Pense em desenhar e construir mobiliário especificamente para o seu novo espaço de escritório, maximizando a sua funcionalidade e estética.

Ao selecionar a combinação certa de ferramentas e técnicas, pode adaptar a sua estratégia de migração para a nuvem às suas necessidades específicas. Lembre-se, não existe uma abordagem única para todos. As melhores ferramentas e técnicas dependem da complexidade do seu ambiente de TI, dos resultados desejados e da tolerância ao risco da sua organização.

Considerações adicionais:

- **Teste e validação:** Teste exaustivamente as aplicações e os dados migrados para garantir que funcionam corretamente no ambiente de nuvem. A realização de testes é crucial antes de lançar oficialmente o seu novo espaço de escritório.
- **Gestão da mudança:** Comunique eficazmente o processo de migração aos seus funcionários e forneça formação sobre as novas

ferramentas e processos baseados na nuvem. Manter a sua equipa informada e preparada garante uma transição suave.

Com as ferramentas, técnicas e planeamento corretos, a migração para a nuvem pode ser uma viagem bem sucedida, impulsionando a sua empresa para um futuro digital mais eficiente e escalável. Lembre-se, uma tripulação bem equipada e um percurso bem definido são essenciais para uma viagem bem sucedida, e a migração para a nuvem não é exceção.

TRANSFORMAÇÃO DA NUVEM

A transformação da nuvem é uma jornada abrangente que transcende a simples migração de dados e aplicativos para a nuvem. É uma mudança estratégica que reimagina a forma como a sua empresa funciona, aproveita a tecnologia e promove a inovação. Essa transformação libera todo o potencial da computação em nuvem, capacitando sua organização com agilidade, escalabilidade e economia. No centro da transformação da nuvem está uma mudança cultural. Trata-se de abandonar a infraestrutura rígida e local e adotar uma abordagem mais dinâmica e adaptável. A tecnologia de nuvem permite-lhe aumentar ou diminuir os recursos a pedido, ajustando-se perfeitamente às cargas de trabalho flutuantes e às necessidades da empresa. Imagine ter uma equipa que pode ajustar sem esforço o seu tamanho e conjunto de competências com base nos requisitos do projeto - é essa a agilidade que a transformação da nuvem proporciona. A otimização dos custos é outro fator-chave da transformação da nuvem. A nuvem elimina a necessidade de investimentos iniciais em hardware e de manutenção complexa, resultando frequentemente em poupanças de custos significativas. Só paga pelos recursos que utiliza, libertando capital para outras iniciativas estratégicas. Pense nisso como mudar de uma frota de veículos para um serviço de partilha de boleias - só paga o transporte de que precisa, quando precisa. A transformação da nuvem também abre portas para um mundo de tecnologias inovadoras. A inteligência artificial, a aprendizagem automática e a análise de grandes volumes de dados estão prontamente disponíveis, permitindo-lhe obter informações valiosas dos seus dados, automatizar tarefas e impulsionar o crescimento do negócio. É como ter acesso a ferramentas e técnicas de ponta que podem revolucionar a sua forma de trabalhar. A segurança continua a ser fundamental durante a transformação da nuvem. Os fornecedores de serviços na nuvem investem fortemente em medidas de segurança robustas e soluções de recuperação de desastres para proteger os seus dados valiosos. Actualizações regulares, cópias de segurança automáticas e protocolos de encriptação garantem que as suas informações permanecem protegidas, mesmo face a acontecimentos imprevistos. Imagine ter um sistema de segurança de última geração para o seu centro de dados, proporcionando paz de espírito e continuidade do negócio.

A transformação da nuvem não é um evento único; é um processo contínuo de otimização e adaptação. Ao monitorizar continuamente o seu ambiente de nuvem, identificar áreas de melhoria e adotar novas tecnologias, pode garantir que a sua organização se mantém à frente da curva. É como fazer a manutenção regular do espaço e do equipamento do seu escritório para garantir que continuam a funcionar de forma óptima. Em última análise, a transformação da nuvem é uma viagem em direção a um futuro digital mais eficiente, escalável e seguro. Ao embarcar nesta viagem, estará a capacitar a sua organização para prosperar no atual panorama empresarial dinâmico e em constante evolução.

MODERNIZAÇÃO DA APLICAÇÃO PARA A NUVEM

A modernização de aplicações para a nuvem segue um princípio semelhante. É o processo de atualização e otimização das suas aplicações existentes para prosperar no ambiente da nuvem. Esta transformação desbloqueia uma série de benefícios, impulsionando a sua empresa para um futuro digital mais eficiente e escalável.

Modernizar aplicações para a nuvem

Desempenho e escalabilidade aprimorados: Os aplicativos baseados em nuvem podem aproveitar os recursos sob demanda da nuvem, aumentando ou diminuindo para atender a cargas de trabalho flutuantes. Isto traduz-se em tempos de processamento mais rápidos, melhor capacidade de resposta e capacidade de lidar com picos inesperados de tráfego. Pense em ter mais salas de reuniões e espaços de trabalho flexíveis para acomodar uma equipa em crescimento, garantindo que todos têm o espaço de que necessitam para serem produtivos.

Maior agilidade e inovação: Os aplicativos em nuvem modernizados são mais fáceis de implantar, atualizar e gerenciar. Esta agilidade permite-lhe adaptar-se às condições de mercado em mudança e implementar rapidamente novas funcionalidades, promovendo uma cultura de inovação na sua organização. Imagine ter mobiliário modular que pode ser facilmente reorganizado para se adaptar a novos requisitos de projeto ou estruturas de equipa.

Redução de custos: Ao eliminar a necessidade de infra-estruturas e licenças de software on-premise dispendiosas, a modernização da nuvem pode levar a poupanças de custos significativas. Além disso, as aplicações baseadas na nuvem beneficiam frequentemente de manutenção e actualizações automatizadas, libertando a sua equipa de TI para se concentrar em iniciativas estratégicas. Pense em reduzir a dimensão de um grande edifício de escritórios para um espaço de trabalho conjunto mais eficiente, reduzindo os custos gerais e permitindo-lhe investir em novas tecnologias.

Segurança e fiabilidade melhoradas: Os provedores de nuvem investem pesadamente em medidas de segurança robustas e soluções de recuperação de desastres. As aplicações em nuvem modernizadas beneficiam destas funcionalidades de segurança avançadas, garantindo que os seus dados permanecem protegidos e que as suas aplicações estão sempre acessíveis. Imagine atualizar o sistema de segurança do seu escritório e implementar cópias de segurança automatizadas para salvaguardar o seu equipamento e documentos críticos.

Estratégias-chave para a modernização de aplicações:

Lift and Shift: Esta abordagem mais simples envolve a migração de aplicativos existentes "como estão" para a nuvem. Embora ofereça um caminho de migração rápido, pode não aproveitar totalmente os recursos da nuvem. Pense em mover o mobiliário existente para o novo espaço de escritório sem considerar potenciais optimizações de layout.

Refatoração/Replataforma: Essa estratégia envolve a otimização de aplicativos para se beneficiar de recursos nativos da nuvem, como microsserviços e contêineres. Essa abordagem libera todo o potencial da nuvem para melhorar o desempenho e a escalabilidade. Imagine renovar o seu mobiliário e utilizar soluções de poupança de espaço para criar um espaço de trabalho mais eficiente e funcional.

Desenvolvimento nativo da nuvem: Esta abordagem envolve a criação de aplicações totalmente novas, concebidas especificamente para o ambiente de nuvem, aproveitando as suas caraterísticas e funcionalidades únicas desde o início. Pense em conceber e construir mobiliário personalizado que se adapte perfeitamente ao novo espaço de escritório e maximize a sua funcionalidade

A abordagem correta para as suas necessidades:

A estratégia de modernização ideal depende da complexidade das suas aplicações, dos resultados desejados e do orçamento da sua organização. Uma avaliação completa pode ajudá-lo a determinar a abordagem mais adequada para as suas necessidades específicas.

A modernização de aplicações para a nuvem é um investimento estratégico. Ao abraçar esta transformação, pode capacitar a sua empresa com agilidade, escalabilidade e rentabilidade, abrindo caminho para um futuro digital próspero. Lembre-se, um escritório moderno e bem equipado promove um ambiente de trabalho produtivo e inovador - o mesmo princípio aplica-se às suas aplicações na nuvem.

MODELOS DE NEGÓCIO BASEADOS NA NUVEM

Modelo de nuvem híbrida:

Esse modelo combina dois ou mais modelos de implantação de nuvem (por exemplo, IaaS e SaaS) ou uma combinação de infraestrutura local e serviços de nuvem. O modelo de nuvem híbrida oferece flexibilidade, segurança e controlo. As empresas podem aproveitar os benefícios da nuvem para cargas de trabalho específicas, mantendo os dados confidenciais no local.

Mercados baseados na nuvem:

Estas plataformas em linha ligam empresas que oferecem serviços baseados na nuvem a potenciais clientes. Funcionam de forma semelhante aos mercados tradicionais, mas centram-se em serviços em nuvem e soluções de software.

Exemplos: Os exemplos populares incluem o Salesforce AppExchange e a Shopify App Store, que oferecem uma vasta gama de aplicações baseadas na nuvem para empresas de todas as dimensões. Os mercados da nuvem proporcionam às empresas um acesso fácil a uma vasta gama de soluções e ferramentas baseadas na nuvem, promovendo a inovação e a concorrência no ecossistema da nuvem.

Escolher o modelo de negócio correto baseado na nuvem:

O modelo ideal depende de vários factores, incluindo o seu mercado-alvo, o tipo de serviço que oferece e o nível de controlo pretendido. Avalie cuidadosamente as necessidades da sua empresa e as ofertas de nuvem antes de selecionar o modelo que melhor se alinha com a sua estratégia.

Os modelos de negócio baseados na nuvem estão a transformar a forma como as empresas funcionam. Ao adotar estes modelos inovadores, pode desbloquear novos fluxos de receitas, melhorar a eficiência e obter uma vantagem competitiva no dinâmico panorama digital. Lembre-se, a nuvem não é apenas um avanço tecnológico; é uma oportunidade estratégica para redefinir o seu negócio e impulsioná-lo para um futuro próspero.

MESTRIA DA NUVEM

No reino em constante evolução da computação em nuvem, alcançar o domínio da nuvem é semelhante a escalar o Monte Everest. É uma busca desafiadora, mas gratificante, que o equipa com o conhecimento e as habilidades para navegar no cenário complexo e desbloquear todo o potencial da nuvem para sua organização. O domínio vai além da simples compreensão de como usar os serviços de nuvem. Trata-se de desenvolver uma mentalidade estratégica, otimizar a atribuição de recursos na nuvem e assegurar a relação custo-eficácia. Um Cloud Master pode identificar o modelo de implantação de nuvem mais adequado (público, privado ou híbrido) para cargas de trabalho específicas, aproveitar ferramentas de automação para simplificar processos e implementar medidas de segurança robustas para proteger dados confidenciais. O caminho para o domínio da nuvem é pavimentado com aprendizagem contínua. Novas tecnologias e melhores práticas surgem constantemente, exigindo que os profissionais da nuvem se mantenham actualizados e adaptem as suas competências. Esta jornada envolve muitas vezes a obtenção de certificações de nuvem oferecidas por grandes fornecedores como AWS, Microsoft Azure e Google Cloud Platform. Estas certificações validam os seus conhecimentos e demonstram o seu compromisso com a excelência no domínio da nuvem. O domínio da nuvem não se trata apenas de brilhantismo individual; trata-se de promover uma cultura de competência na nuvem dentro da sua organização. Ao capacitar a sua equipa com os conhecimentos e as competências necessárias, pode criar um ambiente de colaboração que maximiza os benefícios da adoção da nuvem. Esta abordagem colaborativa garante que todos estão na mesma página, permitindo que a sua organização aproveite a nuvem de forma eficaz e se impulsione para um futuro digital mais eficiente, escalável e seguro. Em última análise, o domínio da nuvem não é um destino, mas sim uma viagem contínua de exploração e otimização. Ao abraçar esta busca, posiciona-se a si próprio e à sua organização para prosperar no mundo dinâmico da computação em nuvem.

GOVERNAÇÃO DA NUVEM

A nuvem é um tesouro de recursos e possibilidades infinitas. A governação da nuvem funciona como a sua bússola e leme, garantindo que a sua organização traça um percurso seguro, eficiente e bem sucedido nesta viagem digital. Trata-se de uma estrutura de políticas, processos e controlos que orientam a forma como a sua equipa utiliza os serviços na nuvem para atingir os seus objectivos comerciais.

A governação da nuvem é essencial?

A governança de nuvem ajuda a evitar a expansão da nuvem - a proliferação descontrolada de recursos de nuvem não utilizados ou subutilizados. Ao implementar estratégias de gestão de custos e monitorizar a atribuição de recursos, pode otimizar os seus gastos com a nuvem e maximizar o retorno do investimento (ROI).

A governação da nuvem estabelece medidas de segurança robustas para proteger os seus dados sensíveis na nuvem. Isto inclui a definição de controlos de acesso, protocolos de encriptação de dados e planos de resposta a incidentes para garantir a conformidade com os regulamentos relevantes do sector.

A governação eficaz da nuvem facilita uma cultura de inovação e experimentação no ambiente da nuvem. Ao simplificar os fluxos de trabalho e estabelecer processos de aprovação claros para novos recursos da nuvem, a sua equipa pode adaptar-se e escalar de forma mais eficiente para satisfazer as necessidades empresariais em constante mudança.

A governança da nuvem ajuda a reduzir os riscos associados à adoção da nuvem. Isso inclui o estabelecimento de funções e responsabilidades claras para o gerenciamento de recursos da nuvem, a prevenção de acesso não autorizado e a minimização de erros de configuração que podem interromper as operações.

Principais componentes da governação da nuvem:

- **Alinhamento estratégico:** Certifique-se de que a sua estrutura de governação da nuvem está alinhada com a sua estratégia empresarial global e com os objectivos de TI.

- **Segurança e conformidade:** Implementar medidas de segurança robustas e estabelecer processos para aderir aos regulamentos relevantes do sector.
- **Gestão de custos:** Desenvolver estratégias para otimizar os gastos com a nuvem e monitorizar a atribuição de recursos.
- **Gerenciamento de desempenho:** Monitorize continuamente o seu ambiente de nuvem para identificar áreas de otimização e garantir uma utilização eficiente dos recursos.
- **Gerenciamento de mudanças:** Comunique eficazmente as políticas e os procedimentos de governação da nuvem a todas as partes interessadas da sua organização.

Benefícios da implementação da governação da nuvem:

- ✓ **Maior eficiência e produtividade:** Políticas claras e fluxos de trabalho simplificados permitem que a sua equipa utilize os recursos da nuvem de forma eficaz e se concentre nas principais actividades empresariais.
- ✓ **Redução de riscos e erros:** A governação da nuvem minimiza as violações de segurança, os erros de configuração e o acesso não autorizado, protegendo os seus dados e assegurando a continuidade do negócio.
- ✓ **Melhoria na tomada de decisões:** As informações baseadas em dados obtidas através da governação da nuvem permitem a tomada de decisões informadas relativamente à atribuição de recursos na nuvem e às estratégias de otimização de custos.
- ✓ **Inovação aprimorada:** Uma estrutura de governação da nuvem bem definida promove uma cultura de inovação, incentivando a experimentação e a exploração segura de novas tecnologias no ambiente da nuvem.

A governação da nuvem não é um evento único; é um processo contínuo. Reveja e actualize regularmente a sua estrutura de governação da cloud para se adaptar à evolução das ameaças à segurança, às novas tecnologias de cloud e às necessidades em constante mudança da sua organização. Ao dar prioridade à governação da cloud, permite que a sua organização aproveite todo o potencial da cloud e navegue na sua viagem digital com confiança e clareza.

CENTRO DE EXCELÊNCIA EM NUVEM

Um guia experiente, equipado com conhecimentos, recursos e um plano estratégico, seria inestimável. No domínio da computação em nuvem, um Centro de Excelência em Nuvem (CCoE) desempenha uma função semelhante. Trata-se de uma equipa dedicada que actua como o seu núcleo central para orientar e acelerar a adoção bem sucedida da nuvem e a otimização contínua da sua organização.

As principais funções de um centro de excelência em nuvem:

Estratégia e planeamento: O CCoE desempenha um papel fundamental na definição da sua estratégia de nuvem. Isto inclui a avaliação da sua infraestrutura de TI, a identificação de modelos adequados de adoção da nuvem e o desenvolvimento de um roteiro para a migração e a gestão contínua.

Governação e conformidade: O CCoE estabelece e aplica políticas de governação da nuvem que garantem a segurança, a conformidade e a rentabilidade ao longo do seu percurso na nuvem. Isto inclui a definição de controlos de acesso, protocolos de encriptação de dados e a implementação de processos para cumprir os regulamentos relevantes do sector.

Educação e formação: O CCoE capacita a sua força de trabalho, fornecendo oportunidades de formação e partilha de conhecimentos sobre tecnologias de nuvem, melhores práticas e protocolos de segurança. Isto assegura uma transição suave para os seus funcionários e promove uma cultura de literacia na nuvem dentro da sua organização.

Padronização e otimização: A CCoE promove a adoção de ferramentas e configurações padronizadas de nuvem, simplificando o gerenciamento de recursos de nuvem e facilitando a otimização contínua. Isso ajuda a eliminar ineficiências e garante que você aproveite todo o potencial da nuvem.

Defesa da adoção da nuvem: O CCoE defende os benefícios da adoção da nuvem em toda a sua organização. Ao promover a colaboração e abordar as preocupações, incentiva a utilização generalizada da nuvem e o alinhamento com os seus objectivos comerciais gerais.

Benefícios da criação de um centro de excelência na nuvem:

- ✓ **Adoção acelerada da nuvem:** O CCoE fornece um recurso centralizado para conhecimento, melhores práticas e orientação, permitindo que sua organização adote a nuvem de forma mais rápida e eficiente.
- ✓ **Segurança e conformidade aprimoradas:** As práticas robustas de governação da nuvem implementadas pelo CCoE protegem os seus dados sensíveis e asseguram a adesão aos regulamentos da indústria.
- ✓ **Redução de custos:** Através de estratégias de padronização e otimização, o CCoE ajuda a minimizar a expansão da nuvem e otimizar a alocação de recursos na nuvem, levando a uma economia significativa de custos.
- ✓ **Maior agilidade e escalabilidade:** O CCoE promove uma cultura de inovação no ambiente de nuvem. Ao simplificar os processos de aprovação e promover as melhores práticas, permite que as suas equipas se adaptem e escalem de forma mais eficiente.
- ✓ **Força de trabalho capacitada:** Uma força de trabalho alfabetizada em nuvem, equipada com as habilidades necessárias para navegar no ambiente de nuvem, é essencial para a adoção bem-sucedida da nuvem. A CCoE desempenha um papel crucial no desenvolvimento desta competência crítica na sua organização.

A composição de um Centro de Excelência em Nuvem:

A estrutura ideal de um CCoE pode variar dependendo do tamanho da sua organização e das metas de adoção da nuvem. No entanto, é normalmente constituída por indivíduos com conhecimentos especializados em tecnologias de nuvem, governação, segurança, arquitetura e formação.

A adoção da nuvem é uma jornada transformadora. Ao estabelecer um Centro de Excelência em Cloud, está a equipar-se com uma valiosa força de orientação. O CCoE capacita a sua organização a navegar pelas complexidades da nuvem com maior confiança, segurança e eficiência, impulsionando-o para um futuro digital próspero.

INOVAÇÃO NA NUVEM

A nuvem não serve apenas para armazenar dados e executar aplicações; é um trampolim para a inovação. Imagine um céu vasto e aberto - a nuvem - onde as ideias podem voar e transformar-se em soluções inovadoras. A inovação na nuvem abre uma infinidade de possibilidades, permitindo que as empresas desenvolvam novos produtos, melhorem os serviços existentes e obtenham uma vantagem competitiva no cenário digital em constante evolução.

Impulsionar a inovação com capacidades de nuvem:

Escalabilidade e agilidade: A natureza a pedido da nuvem permite que as empresas aumentem ou diminuam os recursos rapidamente. Esta agilidade promove a experimentação e a prototipagem rápida, permitindo às empresas testar e aperfeiçoar novas ideias de forma eficiente.

Relação custo-eficácia: A nuvem elimina a necessidade de investimentos iniciais em hardware e de manutenção complexa. Isto liberta capital para investir em projectos inovadores e explorar tecnologias emergentes.

Acesso a ferramentas de ponta: As plataformas em nuvem oferecem uma vasta gama de serviços inovadores, como a inteligência artificial (IA), a aprendizagem automática (ML) e a análise de grandes volumes de dados. Estas ferramentas permitem às empresas extrair informações valiosas dos dados, automatizar tarefas e desenvolver soluções inteligentes.

Colaboração global: A nuvem promove a colaboração contínua para além das fronteiras geográficas. As equipas podem trabalhar em conjunto em projectos em tempo real, independentemente da localização, acelerando os ciclos de inovação.

Exemplos de inovação alimentada pela nuvem:

Experiências personalizadas do cliente: As empresas podem tirar partido da análise baseada na nuvem para compreender o comportamento e as preferências dos clientes, permitindo-lhes personalizar as campanhas de marketing e as recomendações de produtos.

Revolucionando a área de saúde: As plataformas de nuvem facilitam o armazenamento seguro e a análise de dados médicos, levando a avanços no monitoramento remoto de pacientes, descoberta de medicamentos e medicina personalizada.

Transformando a fabricação: A nuvem permite que os fabricantes implementem a manutenção preditiva alimentada por IA e optimizem as linhas de produção, levando a um aumento da eficiência e à redução do tempo de inatividade.

Estratégias para promover a inovação na nuvem:

- **Cultura de experimentação:** Incentivar uma cultura que abrace a experimentação e os riscos calculados. Forneça recursos e suporte para que os funcionários explorem novas ideias e desenvolvam soluções inovadoras usando a nuvem.
- **Investir no desenvolvimento de competências:** Equipe a sua força de trabalho com as competências necessárias para tirar partido das ferramentas e tecnologias baseadas na nuvem de forma eficaz. Isto inclui formação em análise de dados, IA e arquitetura da nuvem.
- **Adotar uma mentalidade de "falhar depressa, aprender mais depressa":** Reconhecer que nem todas as experiências serão bem sucedidas. Encoraje as equipas a aprender com os fracassos e a iterar rapidamente para aperfeiçoar as suas ideias.
- **Faça parcerias com provedores de nuvem:** Muitos provedores de nuvem oferecem programas e recursos de inovação para apoiar seus clientes. Aproveite esses recursos para acelerar sua jornada de inovação.

A inovação na nuvem não é um evento único; é um processo contínuo. Explorando continuamente novas capacidades da nuvem, promovendo uma cultura de criatividade e adaptando-se às tendências emergentes, pode desbloquear todo o potencial da nuvem para impulsionar a inovação sustentável na sua organização. À medida que a sua empresa atinge novos patamares no céu digital, a nuvem continuará a ser o seu parceiro inabalável, impulsionando-o para um futuro repleto de possibilidades inovadoras.

CONCLUSÃO

À medida que percorremos o panorama digital, a computação em nuvem surgiu como a pedra angular da inovação tecnológica. Revolucionou as indústrias, permitindo que empresas e indivíduos aproveitem o poder da Internet. De startups a corporações globais, a nuvem tornou-se uma ferramenta indispensável, permitindo escalabilidade, flexibilidade e eficiência de custos.

O futuro da computação em nuvem está repleto de possibilidades interessantes. À medida que a tecnologia continua a avançar, podemos antecipar soluções de nuvem ainda mais sofisticadas. A computação de ponta, a computação quântica e a automação orientada por IA estão prontas para remodelar o cenário da nuvem. A convergência destas tecnologias irá desbloquear oportunidades sem precedentes, impulsionando a inovação e transformando as indústrias.

No entanto, à medida que abraçamos os benefícios da nuvem, é imperativo enfrentar os desafios associados à segurança, privacidade e considerações éticas. Ao dar prioridade a medidas de segurança robustas, práticas de dados transparentes e desenvolvimento responsável de IA, podemos garantir que a nuvem continua a ser uma força para o bem.

Em conclusão, a computação em nuvem deu início a uma nova era de transformação digital. Ao dominarmos a fronteira digital, podemos libertar todo o potencial desta tecnologia transformadora e moldar um futuro onde a inovação não tem limites.

REFERÊNCIA

1. Armbrust, M., Fox, A., Griffith, R., Joseph, A. D., Katz, R. H., Konwinski, A. & Zaharia, M. (2010). Acima das nuvens: Uma visão de Berkeley da computação em nuvem. Relatório técnico UCB/EECS-2009-28, Universidade da Califórnia em Berkeley.
2. Bengio, Y., Goodfellow, I., & Courville, A. (2016). Aprendizagem profunda. Imprensa do MIT.
3. Buyya, R., Yeo, C. S., & Venugopal, S. (2010). Cloud computing e as suas tecnologias emergentes. Springer Science & Business Media.
4. Dean, J., & Ghemawat, S. (2008). MapReduce: Processamento simplificado de dados em grandes clusters. Communications of the ACM, 51(1), 107-113.
5. Islam, M. Z., Islam, M. R., & Khan, L. (2012). Desafios e questões de segurança na computação em nuvem. Revista Internacional de Aplicações Informáticas, 46(13), 19-26.
6. Lee, J., Yoo, S. M., & Lee, K. (2012). Uma pesquisa sobre questões e desafios de segurança na computação em nuvem. International Journal of Grid and Distributed Computing, 15(1), 19-44.
7. Marston, S., Lippincot, Z. G., & Thomas, A. (2011). Cloud computing: Conceitos, tecnologia e arquitetura. Pearson Education.
8. Mell, P., & Grance, T. (2011). A definição do NIST de computação em nuvem. Instituto Nacional de Normas e Tecnologia (NIST).
9. Mitchell, T. M. (1997). Machine learning. McGraw-Hill.
10. Raj, M., & Kumar, S. (2017). Internet das coisas (IoT): Uma revisão. Jornal Internacional de Pesquisa Avançada em Ciência da Computação e Engenharia de Software, 7(7), 38-47. 24. Gubbi, J., Buyya, R., Marusic, S., & Palaniswami, M. (2013). Internet das Coisas (IoT): A vision, architectural elements, and future diretions. Future Generation Computer Systems, 29(7), 1645-1660.

11. Tye, S. (2018). Kubernetes: Up and Running. O'Reilly Media.
12. Wang, C., & Shen, X. (2010). Questões e desafios de segurança da computação em nuvem. In 2010 3rd IEEE international conference on cloud computing (pp. 1-10). IEEE.
13. Zaharia, M., Chowdhury, M., Franklin, M. J., Shenker, S., & Stoica, I. (2010). Spark: Computação em cluster com conjuntos de trabalho. Nos Anais da 2ª conferência USENIX sobre tópicos importantes em computação em nuvem (HotCloud'10).

Printed by Books on Demand GmbH, Norderstedt / Germany